Beauty Book

看一次就學會的愛美書

鄭雅心◎著

本書原書名：懶女人的愛美書

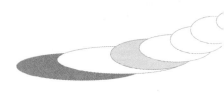

許下美麗的承諾

年輕嬌嫩的容顏，總在恣意歡笑時令人動容；妍麗嫵媚的女子，顧盼間最教人流連；而成熟睿智的女子，舉止優雅、從容雍華，令人仰慕。

邁入二十一世紀的此時，「女爲悅己者容」的時代已經過去，現代女子不再是躲在家裏孤芳自賞，任由歲月在臉上刻畫一道道「咒」紋的黃臉婆。妳可以勇敢的保護自己，當然也能爲自己美麗。因爲，寶貝自己、珍愛自己，做個亮麗耀眼、光彩動人的美麗佳人是件值得驕傲的事，也是一件很簡單的事。從現在開始，只要多用點心，妳也可以輕鬆做個「魅力俏佳人」！

美麗容顏是需要細心呵護、保養的，如何適當的修飾缺點、展現優點，是本書的著力點。本書針對每位下定決心成爲美麗佳人的年輕女子，精心設計了包括：

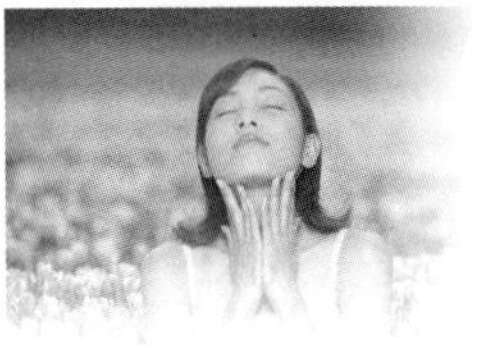

頭髮保養、臉部美容化妝、全身保養，以及優雅儀態等全方位的內容，並在基礎保養常識、化妝技巧之外，搭配貼心小祕方，及溫柔的叮嚀，來滿足各位美麗佳人之準候選人的需求。不管妳是十六、七歲剛接觸化妝品，急於了解化妝保養常識的年輕女孩，還是正爲化妝技巧、美容保養大傷腦筋的上班族，只要妳想擁有美麗的一生，這就是一本絕對不可錯過的美麗祕笈。

聰明的美麗佳人，別再做一朵自戀的水仙，勇敢的秀出自己，讓神采飛揚的自信容顏，成爲妳不可取代的個人形象。

目錄

目錄

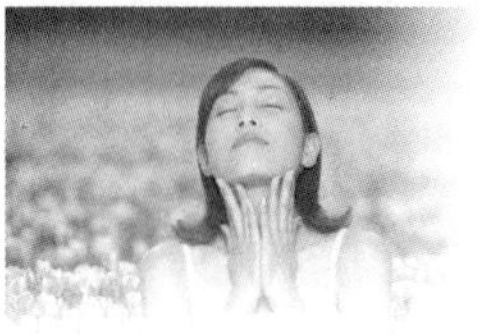

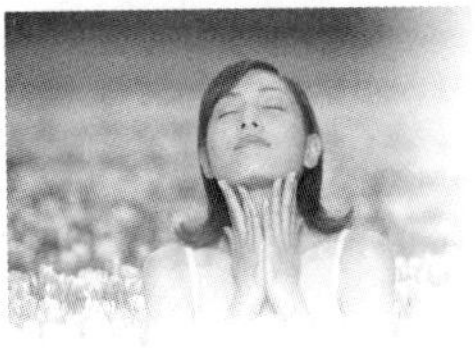

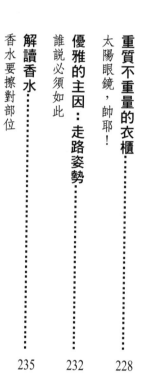

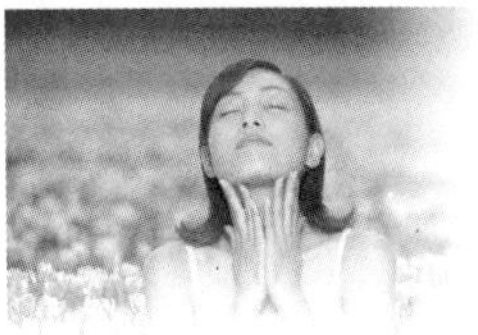

妳了解自己的頭髮嗎？

「柔柔亮亮、閃閃動人」，是每個女人對秀髮的殷切期盼。女人看待自己的頭髮，就好比看待身材般，總是有些不滿意，千方百計地想擁有烏黑柔亮的健康髮質，但是，妳了解自己的頭髮嗎？

想要擁有柔亮靈動的秀髮並不難，首先，要從了解髮絲的構成元素開始。髮絲由蛋白質組成，分表皮層、皮質層和髓質層三部分。表皮層呈半透明鱗皮狀，主宰頭髮的光澤和觸感；皮質層與髮絲強度、顏色、粗細及濕潤度有關；髓質層則負責將髮根的毛乳頭所吸收的養分，送到皮質層及表皮層，使頭髮能不斷地生長。

或許有人會問：「頭髮是死的還是活的呢？」嚴格講起來，它是死的也是活的，因爲髮根毛球部分的毛母細胞是活的，毛球經過角化移行部分後，毛母細胞會由圓形變成長而平行的角化蛋白質；因爲角質化的緣故，所以頭髮就變成死的了，這就如同指甲在修剪時不會疼痛的原因一樣。

雖然髮絲是死的，但仍要仔細保養，均衡地攝取足夠的蛋白質。因爲蛋白質經過胃腸的酵素分解後，會變成各種不同的氨基酸，氨基酸再經由血管到達頭髮根部的毛乳頭，經毛乳頭吸收後變成角蛋白質，也就是頭髮；因此，均衡攝取足夠的蛋白質，才能擁有健康烏黑的秀髮。

如果我們細心觀察，便會發現每一個人的頭髮顏色都不盡相同，有人烏黑如緞，有人則是棕褐色，甚至還有些人是「少年白」哩！其實頭髮的顏色來自父母的遺傳，而髮色的決定則是頭髮皮質層中一種俗稱「麥拉寧」的色素粒子所控制。由於色素粒子是由黑、褐、紅、黃四種粒子組成，所以色素粒子的分佈不同，髮色也就不同。有趣的是髮色與大自然環境有十分地微妙關係，熱帶地區的黑人皆

爲黑色鬈髮，因爲他們必須靠頭髮的顏色遮住熾熱陽光，而鬈髮則可以增加頭髮的厚度，並使它更容易散熱。相對的，北歐地區如挪威、瑞典等，因陽光較弱，紫外線不強，髮中的黑色粒子需求較少，所以北歐地區金髮的人也就較多。

◆美麗佳人 NO-NO BOX◆

◎常梳頭會幫助頭髮黑亮？

常聽人說，每天臨睡前要梳髮一百下，這樣才能刷除白天附著在頭髮上的灰塵；而且可以將髮根的油脂刷除，順便按摩頭皮，促進頭髮生長。

事實上，這段話並不完全對，梳頭的確可以達到梳去灰塵的效果，但連續梳刷五十次，甚至一百次以上，很容易會因梳頭過度，增加頭髮負擔，而使頭髮受損，不但不能達到按摩效果，反而更加刺激油脂腺，使髮根過於油膩，髮尾易於乾枯、斷裂。

所以想要成為擁有健康秀髮的美麗佳人，趕快放棄錯誤的梳頭觀念吧！只有堅持正確的洗髮、護髮步驟，才是寶貝秀髮的根本之道。

不是三千煩惱絲

妳是否曾在慨歎「三千煩惱絲」時，對這句話產生懷疑？不必懷疑！因為頭髮真的不是「三千」根，如果真的只有三千根頭髮，那麻煩可就大了。實際上，頭髮的平均數量大約在十至十四萬根之間，隨著不同人種而略有差異，黑種人約有十至十二萬根，黃種人大約只有九萬根，白種人最多，約有十四萬根左右。

每一根頭髮約有二至六年的壽命；頭髮自然的脫落，是因髮根部的毛母細胞集團因細胞分裂力量減弱，致使分裂停止，頭髮由毛乳頭開始慢慢脫離、鬆動，最後脫落。當然，脫落之後，髮根部的毛母細胞集團還會再分裂生長出新的頭髮來。一般情況下，平均每天掉五十至一百根頭髮是十分正常的，不需要太過緊張。

頭髮的生命有四個週期：成長期、退行期、休止期和發生期。大部分的頭髮都處在成長期階段。頭髮的生長速度有多快呢？這必須視個人的健康情形，以及所攝取食物的營養多寡而定。一般認爲頭髮的生長速度是白天比晚上快，女性比男性快，春夏季比秋冬季快。另外，由於新陳代謝的變化，加上年齡因素的影響，通常十六至二十四歲之間，是頭髮生長速度的高峰期。六十五歲以後，生長速度就逐漸緩慢下來了。有些人認爲頭髮短的時候生長速度比較快，事實上，當頭髮生長到二十五至三十公分時，生長速度即會緩慢下來。短髮長得較快只是一種錯覺罷了。

另外，有些人深信，經常修剪頭髮會刺激頭髮的生長速度，然而，這種刺激頭髮生長速度的說法是沒有理論根據的，因爲毛母細胞位於髮根的毛囊內，修剪頭髮只能剪去髮尾分叉、枯黃的部分，對於頭髮的生長速度而言，是沒什麼實際助益的。至於生髮水會不會使頭髮長得快一點、多一點？仍是一個令人質疑的問題。雖然生髮水中含有酒精成分，可促進血液循環，但並不表示眞的能使頭髮長

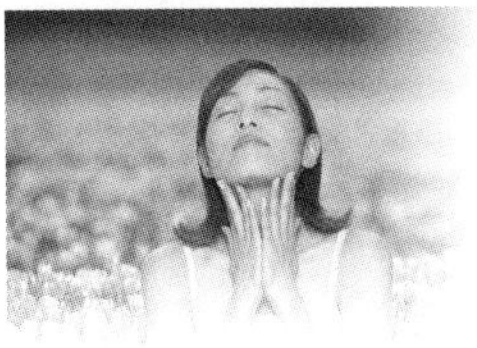

得快一點或多一點，若生髮水眞有傳說中的神效，那麼禿髮的人就不必再爲「地中海」或「電燈泡」傷透腦筋了。

◆美麗佳人小祕方◆

◎使妳擁有最佳髮質的方法

由於後天環境及生活習慣影響，每個人的髮質也各有區別，髮質的粗細硬軟是天生的，沒有辦法改變它。但是隨著年齡增長，頭髮會慢慢變得比較柔軟細緻。通常柔細髮質的髮量較少，所以比較適合燙髮，因為燙成型的頭髮，可以增加其豐厚度，但平時需勤於保養，在每次洗髮後擦上護髮霜、髮雕露，再以吹風機及手指輕柔的吹整至七、八分乾即可，千萬別烘太乾，以免產生毛毛的現象。

至於又粗又硬的髮質，比較不容易受到傷害，或是產生分叉、斷裂的現象，但也有不易燙髮的困擾，經常令美髮師傷透腦筋。就髮型而言，短髮是比較容易塑造出各種髮型的。

在保養頭髮時，應該注意，當有分叉現象時，要使用受損專用洗髮精；有乾燥現象時，則選用滋潤保濕配方的洗髮精。而且洗髮精的PH值要在六・三～七之間，才能讓洗後的頭髮毛鱗層呈閉合狀態，最後再使用潤絲精加強保養，擦上護髮霜、髮雕露補充足夠的油脂，這樣就能擁有柔順亮麗的髮質了。

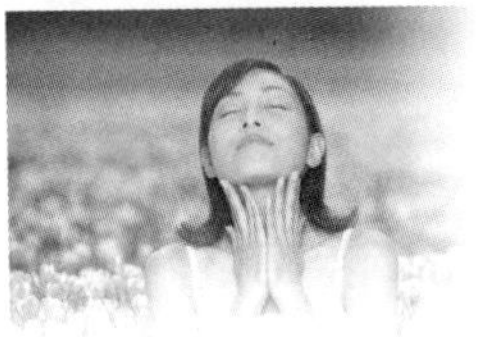

分辨油性髮、中性髮、乾性髮

坊間的洗髮用品琳瑯滿目，有的標榜深層滋潤、加倍保濕，有的強調防止頭皮屑、回復彈性，眞教人不知該選購哪一種配方的洗髮精才好。妳可別被各種動人的廣告詞困惑了，仔細選擇適合自己髮質的洗髮精，才是正確的保養之道。

在選擇洗髮精之前，首先要分辨自己的髮質是屬於哪一類。由於後天環境及生活習慣不同，每個人的髮質也各不相同，一般可分爲油性髮、中性髮、乾性髮及受損髮四類。可依照油脂腺分泌的多寡，分辨頭髮是屬於中性、乾性或油性。通常每根頭髮大約有一至六條的油脂腺自動分泌油脂，經由每天的梳頭動作，將油脂自髮根梳至髮尾，以便滋養髮絲。

如何正確判斷自己的髮質呢？其實很容易。油性髮質的特質是頭髮看起來相當油膩，甚至有扁塌的感覺，但如果是長髮，則髮尾處又會因油脂不夠，而覺得太乾燥。乾性髮的油脂多半分泌不夠旺盛，所以比較容易乾枯或受損，而成爲受損髮質。至於中性髮則是介於油性髮與乾性髮間，眞正中性髮質的人其實不多。

油性髮因油脂分泌旺盛，在洗髮時應選用清潔成分較高的洗髮精，如標示「油性髮質適用」或「FOR OIL HAIR」的洗髮精，即是專爲油性髮質設計的配方。乾性髮質因油脂分泌情況不理想，所以比較乾燥，容易枯黃或受損，應選用富含保濕成分的洗髮精，如「乾性髮質適用」或是「FOR DAMAGED HAIR」的專用洗髮精。若是頭髮已經分叉受損，更要特別選用「受損髮質專用」的洗髮精。不同髮質使用不同配方的洗髮精，才能維護頭髮的健康。

一般人誤以爲油性髮質比較不容易受損或分叉斷裂，事實上，油性髮因爲油脂腺分泌的油脂在髮根處較多，使得頭髮看起來很油膩，而髮尾卻因沒有油脂滋養而容易枯乾分叉，因此，如果因頭髮油膩而常洗髮，可千萬不能忽略髮尾的保

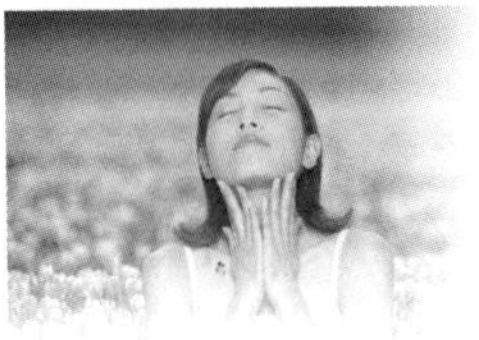

養喔！

◆美麗佳人小祕方◆

◎正確的護髮步驟

頭髮分叉時，除了修剪末端的分叉外，也可使用富含養分的護髮用品，使其形成薄薄的保護膜來替代毛鱗片，避免頭髮內部的皮質層露出，這個方法雖然可以保護受損髮質，但只是治標不治本的方法而已。

想要根本解決分叉受損的困擾有祕方：

1. 梳理頭髮時，先準備一把不傷頭皮的豬鬃梳子，按照頭髮生長之方向梳理，再反方向梳一次，動作盡量輕柔，避免頭髮因拉扯而受損，使頭髮更有光澤。

2. 減少曝曬於陽光下的時間。
3. 多攝取水分及養分。
4. 減少染、燙髮的機會。
5. 正常的飲食習慣及生活作息。
6. 避免壓力過大、不適當的節食或煙酒過量。

頭髮亮起紅燈時

頭髮老是毛毛燥燥難以梳理，眞是令人煩惱不已！妳知道頭髮毛燥的原因嗎？其實毛燥的頭髮就像打噴嚏、流鼻水一樣，都是身體出現狀況時的徵兆，提醒妳，再不好好保養，頭髮很容易就會分叉或斷裂了。

如果妳心疼分叉受損的頭髮，就要盡量避免頭髮毛燥的現象發生。因爲毛燥的現象只是頭髮亮起紅燈時的警訊，在頭髮受損前，還有許多徵兆，例如：頭髮失去光澤，甚至輕輕一拉即斷裂；觸感粗糙不夠柔順；燙髮後不久，頭髮很快就直了；洗頭後不易梳開；掉髮量比平常多；經常吹整頭髮；煙酒過量、睡眠不足；偏食或節食；過量使用美髮用品；同時染燙等等。在這些時候，請多留意頭髮的保養，否則，等到頭髮亮起紅燈，或是已經嚴重受損時，想要補救恐怕已是來不及了。

在空氣污染以及過量使用美髮用品的現代，想要擁有健康、柔順的完美髮質，光是了解頭髮受損前的徵兆仍然不夠，對於直接造成頭髮受損的原因，也是不可忽略的。

頭髮受損的原因：

一、游泳或在陽光下活動：海水PH值在七・九至八・五之間，游泳池的水中含氯，二者都會使頭髮受損。此外，日曬過度也會使頭髮中的黑蛋白色素褪色變黃，高溫的熱力會切斷蛋白質的供給，減低頭髮的韌性，使頭髮失去光澤。因此，喜愛戶外運動的朋友們，更要細心的保養秀髮。

二、不當使用美髮用品：洗髮精、燙髮劑、染髮劑、慕絲、生髮水、定型液、髮膠等產品，均蘊含酒精成分或氟化物，這類產品的不當使用，極可能會使頭髮嚴重受損。

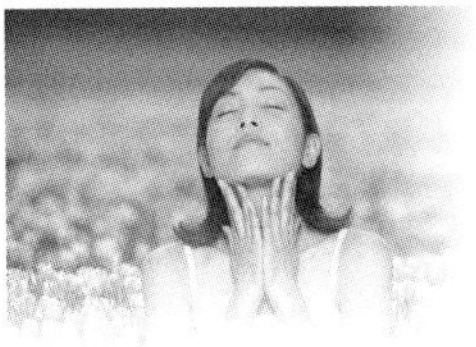

三、空氣污染及酸雨也會使頭髮受損，所以淋過雨後，一定要馬上洗頭，別讓含金屬成分的酸雨，傷害美麗的秀髮。

四、空氣太乾燥或長期處於冷氣房中，會使頭髮中的水分減少，而出現乾燥的現象。

五、吹髮引起的傷害：頭髮的主要成分角蛋白質，遇熱即會凝固或變質，所以不論是在家中或上美容院吹髮，都會引起頭髮受損。

六、洗髮頻率太高：每天洗頭或沒有挑選溫和配方的洗髮精，都會把頭髮中的油脂洗得太乾淨，使頭髮失去滋養而受損。通常二至三天洗一次頭髮即可，不需要天天洗髮。

了解受損的各種徵兆及受損原因後，只要平時多加留意，盡量避免犯上前面提出的警告，要維持烏黑亮麗的秀髮，還有什麼困難呢？

◆美麗佳人 NO-NO BOX◆

◎燙髮時應注意的事

1. 髮質不好時不可燙髮。因為頭髮已經受損，若再經過冷燙液的摧殘，頭髮將更容易乾枯分叉。
2. 燙髮前應先護髮，避免化學藥劑直接傷害髮質。
3. 不要迷戀雜誌上的髮型，因為每個人的髮質、髮量不同，所以燙出來的髮型也會不同。
4. 燙髮前不要自己洗頭，避免洗髮時抓破頭皮，使藥水侵蝕頭皮，而造

成毛囊受損。

5. 燙髮後一星期後才可染髮。

6. 燙髮時蒸氣機的溫度不要太高。

7. 選用合格的藥水及專業的美髮師。

8. 燙髮前後需與設計師溝通，了解燙後的髮型效果，及在家自己整理的方法。

9. 盡量不要經常使用「雙效合一」、「三效合一」的洗髮精，以免膠質過多，而使頭髮燙不捲。

10. 燙髮後水分會流失，應加強水分的維持與蛋白質的補充。

受損的頭髮會復原嗎？

最近「挑染」蔚爲風潮，妳是否也在設計師的鼓吹下，心動的猶豫著，要不要先燙個彈性燙，再挑染出流行的味道？請先等一等！因爲導致頭髮受損的最大因素，就是燙髮和染髮，所以絕對不可以同時染燙，最少要間隔一星期，甚至一個月的時間。

經常染燙而造成化學傷害，或是過度曝曬在陽光下而造成缺水，都會導致毛鱗層剝落，使頭髮內部纖維束狀的毛皮質顯露出來，形成分叉狀，不僅毛澀、乾燥、無光澤，並且也十分難看。如果在輕撫頭髮時，感到粗澀、不甚平滑，就表示妳的頭髮已經受到相當程度的傷害了。

遺憾的是，頭髮一旦造成傷害，是無法自動復原的。頭髮與皮膚不同，皮膚

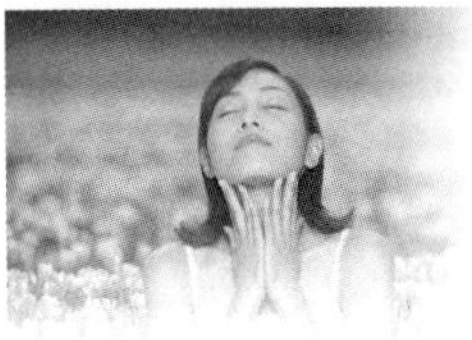

如日曬過度或保養不當，甚至擦傷、割傷時，都可經由敷藥，或藉著皮膚細胞的核化及新陳代謝，再長出新的細胞，所以即使稍微受損的皮膚，也能在其自動修復的能力下，回復原來細緻光滑的健康膚質。然而，頭髮受損後，卻不能再由保養而恢復原狀。因爲在髮根內，除了約二～四毫米左右具有生命外，露在頭皮外的髮幹都是已經角質化的毛髮，必須小心呵護，維持其健康，否則，一旦損傷，是無法用任何治療方式恢復其生命力的。

受損的頭髮多半有缺乏水分及蛋白質攝取不足的現象，如何分辨秀髮受損的細胞呢？很簡單，取下一根頭髮拉拉看，如果不易恢復原狀，即表示缺乏蛋白質，平時就應加強蛋白質的攝取，或塗抹含小分子蛋白質的補充劑，如此，可減少頭髮分叉的情形發生。若拉頭髮時極易斷裂，則表示頭髮濕度不夠，應使用含水合力的滋潤劑來回復頭髮的健康。

面對已經受損分叉的頭髮，唯一應對之道就是把分叉的頭髮剪掉，千萬不要因捨不得剪，而任由頭髮枯黃、分叉，令人看起來更心疼。頭髮受損會呈多孔性，當妳發現多孔性及分叉現象時，別緊張，只要將頭髮由分叉處向上再修剪一英吋，把分叉及多孔性的頭髮全部剪掉，再配合定期護髮，就能再度擁有健康亮麗的秀髮了。

◆美麗佳人小祕方◆

◎美麗秀髮的食物

妳一定知道多吃海帶和芝麻，有益頭髮健康。但妳或許不知道，還有許多食物也可使秀髮更加健康亮麗。

1.海帶、紫菜、小魚、蛤、蠔及蛋類，富含碘質及鈣質，多吃可使頭髮更有光澤和彈性。

2.芝麻、豆類、肝類等食物，含有豐富的維他命，可幫助新陳代謝，促進頭髮的生長速度及生命力。

3.夏季時應多攝取魚、肉、豆、牛乳、肝類等含有蛋白質的食物；但因太多蛋白質會使血液略呈酸性，故在食用含蛋白質食物時，也要注意鹼性食物的攝取，才能平衡血液之酸鹼度，同時使頭髮更健康。

4.蛋黃、牛肉、胡蘿蔔及水果類的鳳梨、香蕉、柿子等皆含維他命A，多攝取能防止頭髮脫落。

5.維他命B群，如奇異果、酵母乳，及含維他命E的花生油、麻油、肝類等也能防止禿頭及毛髮組織的病變。

6.適度接受陽光的照射，及攝取骨頭中的維他命D，使頭髮發育正常，不會過於柔軟、纖細。

這些都是美麗秀髮的食物，平日可多攝取，才能擁有神采飛揚的健康秀髮。

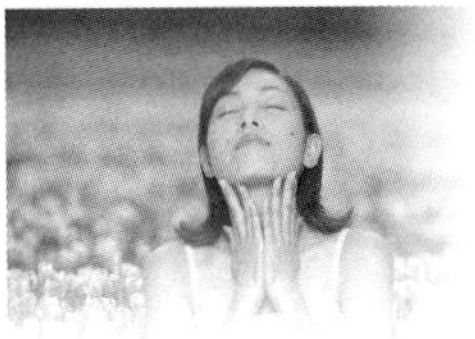

惱人的頭皮屑

擁有一頭健康烏黑的飄揚長髮，常是令男人心動、女人羨慕的。然而，當妳無意間發現迎風揚起的長髮，竟「順便」飄落片片、點點的頭皮屑時，不免大歎「殺風景」！如果這飄落頭皮屑的人剛好又是妳，那可不是一個「糗」字所能形容得了。面對惱人的頭皮屑時，到底該怎麼辦呢？

根據統計資料顯示，從十五歲到五十歲以上，百分之三十六的人有頭皮屑，也就是說，不論在任何年齡層中，都會有人深受頭皮屑的困擾，究竟頭皮屑是什麼？爲何總是惱人不休！別懊惱，其實一般頭皮屑只是乾燥的頭皮碎片，可視爲正常的新陳代謝。頭皮屑可分乾性及油性兩種，主要是因皮膚角質化程序之變化所引起的。因爲皮膚表皮深層分裂時，會朝表面推進，而距眞皮最遠的部分即會形成角質，並成爲看不見的死細胞膜，繼續在皮質表層不斷脫落，即爲頭皮屑。如果毛囊內的油脂腺分泌正常，油脂就會滋潤髮絲，使秀髮具有光澤；但是，當油脂分泌異常時，則可能產生油性頭皮，此時應注意頭皮健康，勤於洗髮，用含有ZP配方，可去頭皮屑、止頭皮癢的藥性洗髮精。

此外，喜歡抓頭皮的人也要小心了，可別造成物理性或機械性的頭皮傷害。許多人喜歡在頭皮癢時用指尖，或尖的梳子用力抓，這樣將很容易抓破頭皮，卻仍無法止癢。最好的解決方法是在頭皮癢時不要抓，而改以勤於洗髮，在洗髮時小心地用指腹按摩頭皮，以促進血液循環，如此經過一、兩個星期後，頭皮不再有抓破的傷口，就不會再癢了。

嚴格說來，頭皮屑多半與頭皮及頭髮健康有關，只要平時多注意頭皮及頭髮的護理，必能減少頭皮屑的困擾。而頭皮癢多因抓傷頭皮後，傷口在痊癒前所引起的發癢，因此，如果妳也有抓頭皮的習慣，請趕快停止吧！好好照顧、寶貝秀

髮，就不會再爲鬧情緒的秀髮傷腦筋了。

◆美麗佳人小祕方◆

◎預防頭皮屑有絕招

妳是否察覺到夏天比較不會產生頭皮屑，而秋冬時卻剛好相反。這是因為夏天汗腺比較發達，所以皮膚含有高度的水分和濕度，使得附著在頭髮上的頭皮屑不易被發現。而秋冬天氣乾燥，頭皮屑則較易掉落，容易被察覺。立志做個美麗佳人的妳，怎可因頭皮屑而壞了大計！現在提供妳幾個對付頭皮屑的絕招，請注意了：

1.請勿煙酒過量。

2.保持充足睡眠，避免過度疲勞。

3.不要使用劣質或清潔力太強的洗髮精。

4.不宜吃太多刺激性、辛辣的食物，以及太過油膩的食物，並注意均衡營養。

5.丟掉梳齒太尖的梳子，選擇不會刮傷頭皮的豬鬃梳子。

6.在秋冬乾燥季節時，加強頭皮、頭髮的保養。

頭皮屑是可以預防及改善的，聰明的美麗佳人們，加油囉！

爲什麼掉髮？

每次洗完頭髮時，總要很費事的清理水槽上遺留下來的落髮；每當梳完頭髮時，也總要將梳子上的頭髮清理乾淨。這時，妳是否開始覺得自己是「掉毛」動物？還是擔心自己就要變成禿頭了呢？

其實妳大可不必太過操心，因爲頭髮的平均數量約有十～十四萬根，每天掉五十～一百根頭髮是正常的代謝現象，更何況每天都有新的頭髮不斷生長，對健康的人來說，頭髮的「出生率」和「死亡率」差不多，所以才能維持均衡的數量，不致有禿頭之虞。然而，確有許多現象會引起大量掉髮，需弄清事實，才能避免大量掉髮的危機。

一、瀰漫性掉髮：整個頭皮的大量掉髮，叫做「瀰漫性」掉髮。有瀰漫性掉髮之現象者，不必害怕禿頭，因爲頭髮通常都會再長出，毋需治療，可自行矯正。如果掉髮率急速增加，那麼掉髮原因則要追溯至兩、三個月前。例如：一月生產，可能四月會有掉髮現象；五月發燒重感冒，則會在八月引起掉髮。如果是屬於這類的掉髮，在持續掉髮幾個月後，便會自行矯正。瀰漫性掉髮的時間如果長達五個月以上，即表示有營養方面的問題，包括貧血和低血糖，要注意營養的補充。

二、減肥節食引起掉髮：許多美容瘦身機構皆標榜可以幫助減肥者迅速減肥，但減肥者卻不知，減肥也可能會引起掉髮。在迅速減重後，因過分節食，身體的節奏失調，頭髮的養分不足，而使得生長週期驟短，不可避免地出現暫時性的掉髮。想減肥的人在實行減肥計畫時，可得好好評估，不可操之過急，以免引起不必要的麻煩。

三、荷爾蒙改變：女性在懷孕生產後，會因內分泌腺的荷爾蒙分泌異常而引起掉髮，一段時間過後，荷爾蒙即會恢復正常，掉髮現象自然隨之改善。另外，

停經期或做子宮切除術後，因爲女性荷爾蒙下降，男性荷爾蒙增加，因此，便會開始掉髮。若有腦下腺、腎上腺、卵巢腺方面的問題，也會導致男性荷爾蒙升高而引起掉髮。除了頭髮變稀之外，還會出現面毛和體毛增多、皮膚變成油性、月經不調等症狀，這時應尋求專家協助，對症治療。

四、脂漏性皮膚炎：脂漏性皮膚炎引起的掉髮，是因自毛孔分泌的皮脂被酸化，毛母細胞被破壞而造成發炎，由於這種刺激破壞了頭髮生長週期而掉髮。

五、牽引性掉髮：長時間綁髮、結辮、紮馬尾，或經常用力拉扯同一部位，即會造成牽引性掉髮。刷髮、梳髮太多，太用力拉扯也是掉髮的原因。另外常用捲髮器或髮夾，也容易引起牽引性掉髮。

規律的生活、均衡的飲食和充足的睡眠是健康之鑰，以健康、愉悅的心情，化解生活中的種種壓力，這個原則也同樣適用於頭髮健康上。

◆美麗佳人 No-No BOX◆

◎錯誤的除毛法

處理體毛對女性而言，是不可忽略的細節，體毛外露不僅不雅觀，也是很失禮的。

許多年輕女孩誤以為剃過的體毛會長得更濃。事實上這種想法並不正確，因為剃過的體毛是被切斷橫面，所以再度長出的體毛較粗，才會有看起來似乎比較濃的錯覺。

正確的剃毛方式應該是順著毛孔的生長方向仔細剃除，若逆向剃毛

會傷及毛孔，造成細菌感染，引起化膿現象。另外有一種拔毛膠帶，利用槓桿原理從毛孔的反方向除毛，也會傷害毛孔。脫毛膏或蜜蠟的使用也應順著毛孔方向撕開，才不會傷害毛孔，造成發炎、感染。

正確的洗髮方式

經常洗髮的妳，確定妳的洗髮程序正確嗎？如果沒什麼把握，請留意了。正確的洗髮方式應該是：

一、洗髮前先用圓梳子將頭髮梳順，不僅可以除去沾黏在頭髮上的污垢，還可按摩頭皮，在洗髮時也比較不會糾結。

二、頭髮打濕，再將加水稀釋過的洗髮精塗抹於上，慢慢搓揉起泡。

三、指腹以小圓圈的圓弧按摩，促進血液循環，使皮脂腺正常分泌皮脂，以滋潤髮絲。

四、沖洗時要將洗髮精徹底沖乾淨，別讓殘留的洗髮精停留在頭髮上。水溫不要太高，即使在寒冷的冬天，也以攝氏三十九～四十度爲原則。

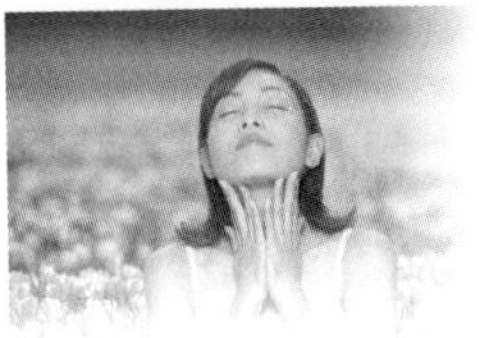

五、洗髮後要記得用潤絲精或護髮乳保養頭髮。因爲沖洗過的頭髮，仍會有洗髮精殘留而不易去除，必須靠潤絲精的微酸性及陽離子中和方可消除。這也就是理論上洗髮、潤髮不能一次完成的原因。

千萬別因爲怕麻煩，或想節省時間，而輕易相信洗髮、護髮一次完成，及洗髮、潤髮、護髮三效合一的洗髮精廣告。因爲頭髮的油垢多分佈在魚鱗狀的表皮層，洗髮時要用含鹼性的洗髮精，才能將表皮層打開，進行清洗的工作。

洗乾淨的頭髮必須潤髮，是要藉助潤絲精的微酸性，來使頭髮的表皮層再度合起來，如此，髮絲才不會因魚鱗狀的表皮層打開而受損。洗髮和潤髮既然功能不同，二合一、三合一的多效洗髮精能達到多少效果，可見一斑。

慎選品質優良的洗髮用品，加上正確的洗髮、潤髮步驟，頭髮自然擁有健康亮麗的風采。

◆美麗佳人 No-No BOX◆

◎不要用香皂洗頭

洗髮精也會傷害肌膚，這一點是毋庸置疑的，但可別因噎廢食，而用香皂代替洗髮精洗頭；因為洗髮精的洗淨力較強，表面張力也大於香皂，能製造更多的小泡沫，將污垢、油垢分解，所以在洗淨力方面，還是洗髮精比較理想。

洗髮時為了不要讓包住油垢、污垢的泡沫流到身上，所以要先洗髮後洗澡，將無意間弄髒身體的泡沫徹底洗淨，如此，油污不會殘留在身上，皮膚也就自然不會因洗髮精而過敏發疹了。

如何吹整頭髮

忙碌的上班族、家庭主婦，每天分秒必爭的與時間比賽，卻總覺得時間不夠用，不是經常在早晨爲了將亂翹的頭髮吹順而趕不上公車，再不然就是頂著一頭亂髮，隨便一紮即匆匆出門。從現在起，妳可以不必再邋遢出門追趕公車了，學會正確的吹髮方式後，將使妳的早晨不再手忙腳亂。

所謂「工欲善其事，必先利其器」，先選一支品質佳、出風口集中，且好握好吹的吹風機吧！在使用時風力不要過熱，保持十五公分左右的距離吹髮，避免頭髮角蛋白質因過熱而受損。適當的距離不僅可以吹出漂亮髮型，還可減少因吹髮所造成的傷害。

吹髮的方向應由髮根朝髮尾方向吹，才不會把頭髮表層的鱗狀組織吹開，使頭髮受損。吹風機隨著梳子的移動而移動，可吹出有光澤且不易變型的髮型。如果希望吹出圓潤的效果，應用圓形梳子；希望強調頭髮角度時，則可用九排梳或線條梳來吹整。

吹髮時，如將髮根吹高，可造成蓬鬆感；需要服貼時，只吹髮尾即可；若想將髮稍外翻，則需將髮尾往外吹；希望做出螺旋狀的波紋時，只要先扭轉頭髮再吹，即能達到想要的效果。長髮的吹整技巧是梳子梳到髮尾時翻轉一下，使髮尾有內捲的效果。

吹整時，不要吹得太乾，這樣才不會使頭髮毛燥、失去光澤，或因產生靜電而不易梳理。過濕的頭髮也不宜直接使用吹風機，因為頭髮在潮濕狀態下最脆弱，應該先以吸水性佳的毛巾輕拍、吸水，再以寬齒梳自髮尾漸漸往上梳開後再吹髮。

若要重新造型或吹整頭髮，需先將頭髮噴濕再吹髮，如此才能吹出漂亮、持久且不會傷害髮質的髮型。切記，吹髮後，不要噴太多髮膠，髮型才會自然。另

外，在使用吹風機前，要先確定沒有絨毛類的東西在裏面，否則會因溫度太高而將頭髮吹焦，同時，也會降低吹風機的壽命。

使用吹風機之前最好先抹上一層護髮霜，才不會因高溫而使頭髮受損。當然，如果妳的頭髮已經毛燥且呈多孔性了，則最好盡量減少使用吹風機的機率，還是以自然風乾爲佳。

◆美麗佳人小祕方◆

◎必備的三種髮梳

檢查一下，妳所擁有的梳子，是材質佳、好梳理的，還是花俏不實用的呢？正確的梳髮方式可以保護髮質，顧及頭皮健康，更能減少頭皮屑及掉髮的困擾。所以梳子的選擇很重要，千萬不可忽略喔！

不同的用途必須使用不同的梳子，美麗佳人應自備三種梳子。第一種是使頭髮完全梳開的梳子，最好是選用豬鬃做成的髮梳，因豬鬃梳摩擦阻力小，能防止靜電產生，比較不會傷害髮質。

第二種是吹髮時使用的梳子，這類梳子最好是選擇耐高溫材質的梳子，梳尖圓滑，梳髮時可將皮脂腺分泌的皮脂梳至髮尾，卻不傷害頭皮。

第三種梳子最好是梳齒一邊疏一邊密，可以收疊起來的梳子，在外出時放在皮包內，既不佔空間又易於攜帶；同時還可兼具梳、刷髮的多重效果。

髮型與臉型

大家都知道選擇髮型必須配合臉型，因爲選擇適合的髮型，可巧妙修飾臉型、創造個人魅力，並將妳獨特的氣質發揮得淋漓盡致。所以，什麼樣的臉型適合什麼樣的髮型就非常重要了。

經常在雜誌上看中意某種髮型，可是燙出來的髮型卻沒有預期的美麗，爲什麼？這是因爲雜誌上的模特兒，髮質和臉型與妳的不同，所以即使是同一位設計師所燙出來的髮型，也會有不同效果。喜歡的髮型不一定適合妳，這是燙髮前應有的認識。

一般臉型可分爲：標準臉、長型臉、圓型臉、方型臉、三角臉及菱型臉。先判斷自己屬於哪一種臉型，再利用髮型修飾出完美的臉型，是美麗佳人的必修課程。

一、**標準臉型：**所謂標準臉型，當然是指最佳比例的臉型囉！鵝蛋臉即是標準臉，適合各種髮型，只需注意如何發揮優點即可。把頭髮盤起或綰低，有端莊、穩重的復古味道；若要表現浪漫風情，在挽髮時留下一些捲髮，就能擁有神祕、浪漫的風情。俏儷活潑的年輕女孩，可利用各式的編髮，或將頭髮隨意盤起，展現出自然的年輕風采。

二、**圓型或方型臉：**這類臉型會給人大而豐滿的感覺，不適合搭配成熟的髮型，或是把髮髻盤在後腦及頭部；應選擇盤高或偏側、不對稱的造型，才不會使臉看起來更胖。

三、**正三角型臉：**這是有點偏方的臉型，額頭較窄，可利用方型臉的髮型，配合加蓬兩側髮量的方式修飾，使窄小的額頭感覺變大、加寬。也可以把太陽穴處梳光、梳亮，兩側各留些許頭髮，以拉長視覺，修飾臉型。

四、倒三角型臉：帶有東方味道的古典臉型，額頭飽滿，相當適合梳包頭。將髮束、髮量往上或兩側旁，甚至往下延伸，都可梳出簡單大方的漂亮髮型，切忌太過複雜的設計。

五、菱型臉：菱型臉兼具正三角型和倒三角型特徵，由於角度較多，所以髮型要特別注意平衡和穩定感，比較不適合盤起或過於流線型，也不適合將髮束拉長或垂下，應將頭髮分散至兩額處或頸側，使臉型顯得較圓而豐滿，以達到修飾效果。

妳屬於哪一種臉型，是否已尋找到適合的髮型呢？抓住個人特色，巧妙地修飾瑕疵，展露優點，做個擁有完美髮型的美髮佳人吧！

◆美麗佳人小祕方◆

◎直髮又不扁塌的絕招

妳是否喜歡直髮的飄逸，但是，卻又擔心前額的瀏海看起來總是扁塌難看？洗髮後雖然會較蓬鬆，可是髮根處仍扁扁的，實在不好看。如果妳也有相同的困擾，只要睡前在瀏海上一、兩個髮卷，並使用髮膠或慕絲加強定型效果，隔天早上醒來，拆下卷子，將瀏海往後梳，再以手指自然的撥到前額即可。

想使頭髮看起來蓬鬆一點，可將頭髮拉到髮根呈九十度垂直，髮尾拉高，用髮卷捲到髮根附近，就能使髮根較鬆捲了。另外直髮在洗髮後吹整時，也可採取倒吹的方式，逆著生長方向吹整，將髮根處吹蓬，就可改善扁塌的髮型。

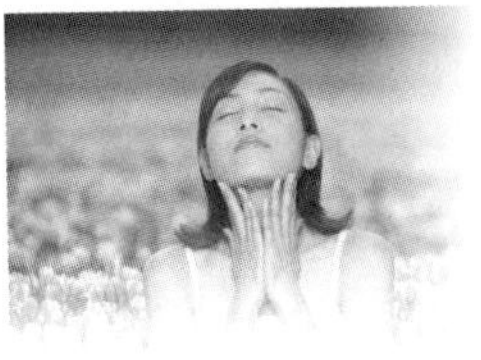

基礎保養三部曲

不化妝卻能擁有舒服清爽的細緻膚質，是每個女人的夢想。然而，在嚴重的空氣污染中生活，對於曝露在外的臉部而言，眞可說是美麗肌膚的頭號大敵，如果不仔細地呵護保養，將會加速肌膚的老化。尤其是附著在臉部的灰塵污垢，若沒有徹底清洗乾淨，極容易產生粉刺、面皰，而傷害臉部的肌膚。

徹底清潔臉部肌膚，是保養的第一步驟，尤其是有化妝的上班族，卸妝、洗臉的工作更是不可草率。

一般的潔膚用品，大多具有卸妝和清潔的雙重功效，可是對多數人來說，卸妝乳是無法完全取代洗面乳的清潔功效的。最好的方法是先以卸妝乳卸除臉上彩妝之後，再以洗面乳及清水，將臉部肌膚徹底洗淨。

而不化妝的人，也不可鬆懈，因爲日益嚴重的空氣污染和灰塵，容易阻塞毛細孔，若不徹底清洗，黑頭粉刺和青春痘就會毫不客氣的冒出來。

所以不管化不化妝，都應採取「雙重洗臉」的方式，先以卸妝乳輕輕地抹在臉上，等彩妝或污垢浮出，再用面紙輕輕拭去或以清水沖淨。然後將洗面乳在掌心搓揉出泡沫後，輕輕地用指腹按摩，特別要加強額頭、鼻翼及下巴等T型部位的清潔，最後以溫水沖洗乾淨，可加速血液循環，讓肌膚更爲舒暢。

洗完臉後緊接著第二步驟就是調理肌膚，化妝水呈弱酸性，有補充水分、收斂毛細孔及舒緩柔軟肌膚的作用。如果妳的黑頭粉刺不少，最好選擇具有收縮毛細孔作用的化妝水。

對於油性肌膚而言，則需選用較清新舒爽的化妝水；敏感性肌膚，應避免使用含酒精成分的化妝水。依據個人膚質選用不同的化妝水，讓每一種肌膚都得到最佳的照顧。使用化妝水時，應先以化妝棉充分沾取，再順著毛孔生長的方向輕

拍，加速吸收能力。

化妝水只具調理肌膚的功能，眞正的重頭戲，還是滋潤的工作。即使是油性肌膚，也會有營養不足的困擾，尤以水分的補充特別重要。因此，補充足夠的水分，保持肌膚的濕潤是不可或缺的。選用保濕且不含油分的乳液，便能達到很好的滋養效果，並且在潤澤肌膚之餘，也兼具抗菌、調節皮脂腺油脂分泌量的效果，使肌膚倍覺清爽柔嫩。

徹底清潔只是保養的開始，清潔後的基礎保養，更能活化肌膚、增加潤澤感與保濕能力。

每天早晚勤加保養，搭配均衡營養的飲食和規律作息，妳將擁有一張令人讚賞的美麗臉龐。

◆美麗佳人 No-No BOX◆

◎油性肌膚不必使用潤膚品？

Q：我的皮膚屬於油性的，同學都説我可以不必使用潤膚品，是真的嗎？

A：哦！No！No！

所有的肌膚都需要滋潤，油性肌膚也一樣，更何況，即使是油油膩膩的肌膚，仍然可能會缺乏水分，尤其是眼睛四周、臉頰及脖子等部位都比較容易乾燥，所以要選擇較溫和，又兼具保濕及滋潤功能的潤膚用品才對。

妳的肌膚屬於哪一類型？

擁有完美無瑕的肌膚是成爲美麗佳人的必備條件，如果妳的肌膚讓妳有些洩氣，那麼，現在開始好好保養吧！

了解自己的肌膚類型，是保養前的必修條件。皮膚的結構可分表皮、眞皮及皮下組織三部分。眞皮層中包含有毛細血管、淋巴管、皮脂腺、神經、毛根、汗腺等，這些組織與健康的皮膚關係密切，因爲皮膚的類型是視皮脂腺分泌的油脂多寡而定，故可分中性、乾性和油性三種肌膚。

中性肌膚皮脂分泌適當，經常保持適度的水分和平均的油脂，呈現濕潤而光澤的狀態，是最佳膚質，因此洗臉後不緊繃，容易上妝，且不易過敏；所以只要做好基礎保養，就可常保自然美好的膚質。

乾性肌膚容易造成肌膚粗糙或長斑疹，雖然肌膚的紋理細緻，但由於缺乏滋潤，所以易產生皺紋而變得粗糙，對於寒風、低溫及陽光也比較敏感。因爲肌膚異常乾燥而無光澤，所以對水分的補充和肌膚的滋潤便顯得特別重要，若不給予適當的保養將會加速肌膚老化。

油性肌膚油脂分泌旺盛，經常顯得油膩，看起來髒髒的，而且肌膚紋理比較粗糙，毛細孔也較大，化妝時容易脫妝，且容易長痘痘。其實許多人是屬於乾性及油性的混合性肌膚，在T字部位屬油性，額頭、鼻子、下巴容易出油，兩頰及眼睛四周則較乾燥。

想要了解自己肌膚的類型，除了經由皮膚測試之外，有一種簡單方便的方法，可以在家自己做，那就是在洗臉後由皮膚緊繃程度及恢復濕潤的時間來判斷自己的肌膚類型。如果妳是中性肌膚，洗臉後三十～四十分鐘，便會因油脂分泌而消除緊繃；如果是油性肌膚，在洗臉後只需十～二十分鐘即恢復，甚至可能不

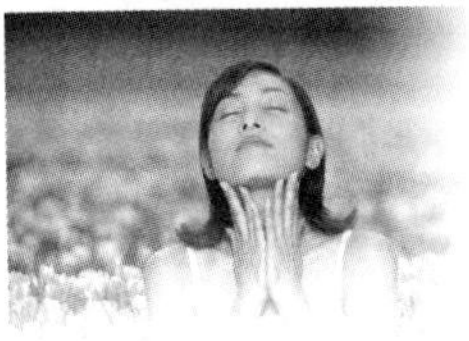

會緊繃。而乾性肌膚則會在洗臉後持續緊繃，且粗粗乾乾的，需特別小心保養。

不論妳屬於哪一種膚質，謹慎選擇適合的保養品，及細心的呵護，是不變的保養之道。

◆美麗佳人小祕方◆

◎過敏性肌膚的護理

如果妳的肌膚是過敏性的，那可得多花點心思仔細照顧了。過敏性肌膚之紋理細膩而脆弱，所以在清潔時應使用刺激性較小的洗面皂，充分搓揉起泡後，再以清水沖去污垢；洗完臉後拍上弱酸性化妝水調理肌膚，擦上不含香料的乳液，並盡量避免使用充分營養的乳液，因為再多的養分，若是傷及肌膚便得不償失了。

過敏性肌膚最好使用天然配方，如無刺激性且不含香料的保養品及化妝品；並應盡可能避免濃妝豔抹，以避免增加肌膚的壓力，而以淡妝為原則。

春日保養計畫

春天是個充滿生命力的季節，它不似秋天的乾燥、冬天的嚴寒，也沒有夏天的燥熱；但卻常因爲溫暖舒適的怡人氣溫，使人忽略春日保養的重要性。吹了一季的冷風，在萬象更新、大地復甦的春日，趕快喚醒歷經寒冬、緊繃一季的過敏性肌膚吧！

冬天因爲血液循環緩慢，新陳代謝的速度也跟著遲緩，角質容易堆積、肥厚而造成老化現象，所以春天的肌膚比較敏感、抵抗力較差。由於冷暖不定的氣候，會使角質含水量及含油脂量不足，而形成乾燥脫皮，甚至發癢、泛紅之現象，必須根據冬天的肌膚情況加以改善，讓角質正常化。

在季節轉換，時冷時熱的氣候中，請多加體貼肌膚，並好好保養吧！在春季，臉部的保養首重「清潔」和「保濕」。因爲春季肌膚面對季節交替的情況，易呈不穩定狀態，除了特別照顧之外，也要增加洗臉次數，讓粉刺、面皰沒有機會冒出來。保養時應按照徹底清潔、調理肌膚及充分滋潤的步驟確實做好。此外，依照個人膚質，每週固定做敷面、去角質的深度清潔，和美白保養的工作，可加速營養成分的吸收。

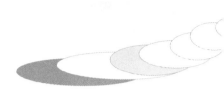

由於冬季天氣乾冷，肌膚水分容易流失，到了春季溫度、濕度改變，臉部「保濕」的工作，就成爲當務之急。保濕不是光靠大量喝水就夠的，還得藉助外在的補充幫忙。例如使用高單位動、植物性的保濕濃縮液，加上面霜，形成保護膜，增加保濕效果。

事實上，「清潔」與「保濕」應是不分季節的，在嚴重的空氣污染及冷氣房中工作，需徹底清潔肌膚污垢，避免黑頭粉刺、面皰、黑斑的產生；時時補充水分，避免肌膚過於乾燥而產生皺紋，這些觀念平日就要謹記在心，持之以恆。多

用心才能栽培出健康、美麗又自信的容顏。

平衡冬日乾冷氣候對肌膚的傷害，爲進入陽光夏日做好準備，春日保養計畫不可輕忽喔！

◆美麗佳人小祕方◆

◎酸乳酪及牛乳敷面劑

敷面劑分三種：粉狀、霜狀、露狀。粉狀適合油性肌膚；霜狀因油脂成分高，適合乾性或老化肌膚；露狀具補充水分的效果，適合各種膚質。

敷面劑具有深層清潔、改善膚質及提供營養的效果。在環保時代特別為您介紹符合環保概念的天然敷面劑。

一、酸乳酪敷面劑：酸乳酪有美白的作用，對肌膚而言，也是一種溫和有效的敷面劑。

二、牛乳敷面劑：牛乳中有脂肪、卵磷脂、膽固醇、維生素等營養；且牛乳的乳化性，具有整肌、營養的功效，對肌膚有極佳的柔軟及吸收效果。

使用方法：牛乳或酸乳酪加入麵粉，調成泥狀，塗滿臉部，等麵粉乾了以後，再按照洗臉步驟仔細清洗即可。

特別提醒妳，一星期最多只能敷一至二次，太過頻繁對肌膚反而不好。

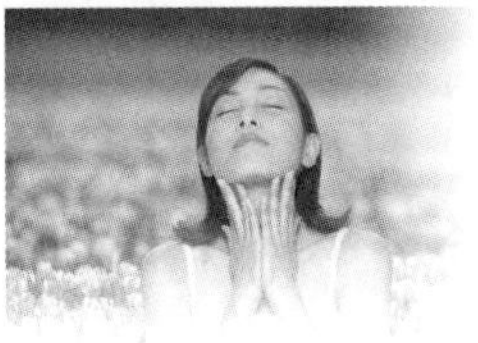

快樂擁抱夏日陽光

夏日是屬於戶外活動的季節，可在海邊戲水、玩沙灘排球，盡情享受熱情陽光的擁抱，但是在驕陽下活動時，可別忘了做好防曬工作。

春日保養除了是護理嚴冬乾燥的肌膚外，另一個目的，是爲進入陽光夏日做準備，但是別以爲在春季已確實做好保養工作，就可以鬆懈了，保養是一年四季都需要的。在夏季，氣溫高、流汗多，清潔的重點可放在除汗上，要用適合自己膚質的洗面乳清潔臉部。如果是油性肌膚，可接著使用具柔和收縮作用的化妝水、潤膚水；乾性肌膚就選用滋潤性的潤膚水。

適合冬季使用的洗面乳不一定適合夏季使用，因爲汗水和濕度會使塵埃污垢緊緊附著在肌膚上，所以應選用夏日專用的洗臉用品，並且增加洗臉次數。

夏天是陽光輻射最強的季節，紫外線對肌膚的傷害也特別嚴重。紫外線是肌膚的天敵，它會加速肌膚的自然老化作用，使肌膚新陳代謝的機能衰退，細胞再生循環混亂，造成肌膚表面失去潤澤平衡的現象。想在夏天擁有健康、美麗的肌膚，除了徹底防曬外，別無他法。

根據肌膚特性及活動性質選擇適當的防曬油，是防止曬傷的最好方法。如果妳在陽光下的時間越長，那麼妳就需要防曬系數（SPF）越高的防曬油。防曬油的使用因肌膚類型而不同，一般易曬傷、微曬黑者，使用SPF20或SPF25；中等曬傷、略黑者，可用SPF15；不易曬傷，或想擁有古銅色肌膚者，可選擇SPF10。

選擇適合的防曬油，在外出前10～15分鐘先擦上，讓防曬油充分吸收，並在流汗多時隨時補充，才能達到充分防曬的效果。防曬油除具防曬作用外，對於日曬後的肌膚修護也有極佳效果。充分利用防曬油，使肌膚不再受驕陽威脅，才能快樂擁抱夏日陽光。

◆美麗佳人 No-No BOX◆

◎塗上防曬油就可享受日光浴？

妳是否有過這樣的經驗，塗上防曬油後皮膚仍然曬黑了。這可不一定是因為流汗而減少防曬作用，或是防曬系數不夠。在肌膚表面塗上防曬油、防曬霜，固然能減輕肌膚吸收紫外線造成的傷害，避免黑斑、雀斑的產生。

但是紫外線的波長有兩種，即VVA和VVB。VVA波長較長，是曬黑的主因；VVB波長短，會引起曬傷。而防曬油、防曬霜的作用都是遮斷VVB，防止日曬引起水泡或曬傷現象，雖具有預防和保護肌膚的功效，但是對於預防肌膚變黑的作用卻有限，所以千萬別把防曬油視為防曬的萬靈丹了。

秋風吹，要注意保養囉！

當夏的足跡悄悄消逝，秋風吹起時，對於夏日時時嚴陣以待的肌膚來說，眞鬆了一口氣，但是秋去冬來，馬上就要進入最易出現老化皺紋的冬季了。

初秋的悶熱與夏天的燥熱是差不多的，所以防曬工作也要像夏天一樣徹底，防曬油在此時仍要持續使用，別讓黑斑、雀斑到了秋天才出現。中秋時分天氣漸涼，肌膚可以得到充分休息，曬黑的肌膚也漸漸恢復昔日的白皙，這時加強水分補充是非常必要的。

深秋的寒意漸濃，身體的新陳代謝開始衰退，肌膚日漸乾燥，所以要補充足夠的養分及水分。除了多吃水果、多喝水，同時也要選擇具保濕效果的保養品，多噴離子化的礦泉水或營養化妝水，夜間則使用富含滋養成分的眼霜及晚霜，以防皺紋出現。

夏秋之交，氣溫仍高，排汗量與油脂的分泌並不亞於夏天，但是日夜溫差較大，使得細微的皺紋，不知何時，已偷偷爬上臉龐，所以不可再用夏天的洗面皂，需改用比較溫和的微酸性洗面皂，藉著天然酸性來保護肌膚，防止細菌感染或敏感脆弱的現象。

既然季節已轉變，何不讓心情也換季呢？若說夏日是戶外活動的陽光季節，那麼就讓秋天是保養肌膚的休息季節吧！早晚挪出較多的時間，好整以暇的仔細呵護肌膚，或是利用陽光較弱時，在花房、庭院看看書、喝喝茶，順便做肌膚保養，都是滿不錯的計畫。

平時可經常使用噴霧器噴些水在空氣中，或在室內多種幾盆盆栽，都能補充空氣中的水分，減少肌膚水分的蒸發。

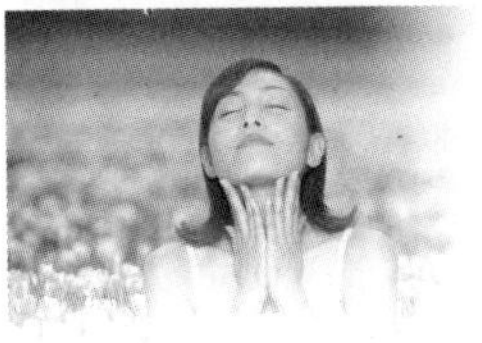

◆美麗佳人小祕方◆

◎蘆薈能使肌膚柔嫩光滑

年輕的容顏最需要的是肌膚的清潔和水分的補充。在平日的基礎保養步驟外，臨睡前別忘了抹上眼霜、護唇膏及護手霜。

每個年齡的保養重點不同，保養品的成分也不盡相同，所以年輕女孩千萬不要和媽媽共用保養品。由於年紀輕，因此，肌膚也年輕，適合使用植物性保養品；例如小黃瓜、蘆薈、檸檬等，尤以蘆薈最具神效。然而，這些天然植物必須經過穩定性的處理，才不易變質，所以不需自己種蘆薈，還是選用品質佳，具有蘆薈成分的保養品吧！

秋風吹，要注意保養囉！

嚴冬護膚祕訣

即使妳的肌膚在夏天散發魅力風采，一到冬天，氣溫下降、濕度減低，肌膚仍會變得乾澀、粗糙。

由於皮脂腺的分泌會隨氣候變化而改變，在秋冬季節氣溫降低時，人體的新陳代謝會自動減緩，以減少體內能量的消耗，所以毛細孔緊閉，皮脂腺、汗腺的分泌減少，使得肌膚容易老化、乾燥，出現脫皮和皺紋。

冬天的戶外寒風凜冽，室內空調又使肌膚的水分大量消耗，嬌嫩的肌膚要如何過冬呢？當然，基礎保養工作必不可少，但除此之外，還有不少小祕訣喔！

‧無論哪一種肌膚都需要滋潤，在洗臉後應立即使用潤膚用品。

‧一星期做一次敷臉，幫助血液循環，清潔阻塞毛孔的污垢，切忌使用效力

太強的清潔用品，否則會讓脫皮現象更嚴重。

・暖氣會使皮脂腺異常活躍，容易分泌油脂、產生雀斑。油性肌膚應隨時以吸油面紙吸去臉上過多的油脂。

・即使天氣冷、氣溫，也不要用熱水洗臉，因為溫度變化太大會使微血管爆裂，所以應以溫水洗臉。

・乾性肌膚需要更多的水分，當妳感到肌膚緊繃時，可以馬上使用滋潤性的護膚用品。

・冬天唇部容易乾燥，千萬不要舐乾燥的嘴唇，這樣只會使脆弱的嘴唇更易裂傷，應常備護唇膏隨時滋潤。如果嘴唇脫皮，可以塗上一層凡士林，幾分鐘後再用溫濕絨布輕輕將硬皮拭去。

・洗澡次數宜減少，可以不必天天洗，盡量使用乳皂，少洗熱水浴，因為洗澡水太熱會讓肌膚失去油脂及水分，身體容易乾裂、脫皮。洗澡後，要記得使用潤膚用品，如橄欖油、乳液、營養霜等滋潤肌膚。

・皮膚容易搔癢的人，最好穿棉質、輕薄保養的內衣。

・多按摩皮膚，促進血液循環，別讓肌膚凍僵了。

・冬天容易引起皮膚過敏的人，少吃海鮮、茄子、蛋白、竹筍等含氨量較高的食物。對於刺激性的飲料如酒、咖啡、可樂，或刺激性食物如辣椒、咖哩、芥茉等盡量少吃。

如果妳在凜冽寒風中，不停瑟縮發抖，那麼緊繃的身體只會讓妳全身的肌肉疼痛，不妨放鬆神經，保持愉快的心情，走出溫室享受暖暖的冬陽，別整天躲在被窩中冬眠，適當的運動可幫助血液循環，有益肌膚健康，讓妳在寒冬裏活力依舊，魅力不減。

◆美麗佳人小祕方◆

◎化妝水能保持肌膚濕潤

冬天氣候特別乾燥，稍不注意，肌膚就會因缺乏滋潤而乾裂脫皮。

當肌膚乾燥時，只要以化妝棉沾取化妝水輕輕拍打，就能迅速補充水分，使肌膚立即滋潤。因為化妝水中的甘油成分，能使肌膚柔嫩濕潤，具自然光澤，而且還能在肌膚表面立刻揮發，帶來適度的濕潤，供給充足的油脂及水分，對肌膚有溫和的保護作用。

毛細孔粗大怎麼辦？

妳注意到鼻翼四周的毛細孔比其他部位粗大嗎？拿個鏡子仔細觀察一下，除了毛細孔粗大外還有什麼？黑頭粉刺、青春痘、污垢以及一層浮油。眞糟糕！這是不是表示肌膚狀況不佳呢？

其實皮脂腺分泌的油脂過多時，即會阻塞毛細孔，若油脂在肌膚表面氧化，又與空氣中的灰塵、污垢接觸後，就會變黑，形成「黑頭粉刺」。放任黑頭粉刺不管，很容易因細菌感染而紅腫、化膿，而變成「青春痘」。皮脂腺遍佈全身，分泌量各有不同，一般鼻子周圍的油脂分泌量比臉頰多出近兩倍左右，所以鼻翼經常油膩膩的。

然而油脂分泌量爲何會不同呢？那是因爲皮脂腺過大以及汗毛的粗細長短有

關。皮脂腺分泌的油脂旺盛，毛細孔就會比較大，汗毛也較細短，這點只要仔細觀察鼻翼與臉頰上的汗毛與油脂分泌量，即可得到證明。雖然毛細孔粗大與油脂分泌量有關，但只要多注意這部位的清潔，就能避免黑頭粉刺及青春痘的生長了。

毛細孔粗大，大部分是與生俱來的，但是過度蒸臉，也可能使毛細孔變大。想改變毛細孔的粗細雖不太可能，但暫時緊縮毛細孔則是可能的，只要使用具緊縮毛細孔效果的保養品，即可多少抑制油脂分泌，緊縮毛細孔。關鍵在於清潔保養的工作是否確實做好。

如想改善毛細孔粗大、易堆積污垢的煩惱，洗臉時可使用含有收縮毛細孔成分的面乳，在充分清潔後以溫水沖淨，讓溫水打開毛孔，溶解細垢，達到清潔效果。這時別忘了使用具收斂效果的化妝水來收縮張開的毛細孔。只要掌握：讓毛細孔張開、徹底清潔污垢，再收縮毛細孔的原則，必能改善毛細孔堆積污垢的煩惱。

◆美麗佳人 No-No BOX◆

◎避免敷臉而引起肌膚粗糙

敷臉劑除了可依目的不同而分為粉狀、霜狀、露狀之外，還有另一種分類，即是水洗式和剝除式。

剝除式有時會把汗毛也連根拔除，所以皮膚較脆弱的人可以選用水洗式，效果也一樣的好。

在選擇敷臉劑時，應以符合使用目的為考慮因素，否則仍然達不到預期效果。一般而言，敷臉劑是以改善膚質為目的，且適用於任何膚質。

但是，如果妳是乾性肌膚，可不要過度使用具美白功能的敷臉劑，那會使皮膚變得更粗糙，實在得不償失，所以每週不超過兩次，且敷臉時間也不要過長。尤其眼睛四周的肌膚乾燥又脆弱，不妨以按摩代替。

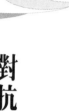

對抗青春痘

青春痘，醫學上稱爲「痤瘡」，也有人稱之爲粉刺、面皰，是一種屬於毛囊的皮膚病，通常發生在皮脂腺發達且數目多之處，如臉、胸、背等部位，常見於青春期的青少年男女。因爲青春期時，發育比較快，荷爾蒙的分泌旺盛，皮脂腺易受到刺激而肥大，分泌的油脂增加，加上個人體質不同，如果油脂分泌過多，與皮膚表面的灰塵混合，會導致毛孔堵塞，使得油脂不易排出上皮。皮脂管內的細菌分解油脂後，形成脂酸，再刺激眞皮組織，形成紅色丘疹、膿疱，這就是所謂的青春痘了。

青春痘有非炎性和炎性兩種。非炎性者稱爲粉刺，可分爲白頭粉刺和黑頭粉刺。炎性者有丘疹、膿疱及囊腫。青春痘除了化膿時有壓痛及癢感之外，多少都

會自動消褪。黑頭粉刺有礙觀瞻，但不易變成發炎性的丘疹、膿疱；而白頭粉刺因無表面開口，容易惡化成爲丘疹、膿疱，容易留下瘢痕，應找醫生診治。

青春痘形成的因素很多，如：

1. **內分泌：**內分泌的影響很大，有些女孩在月經將來之前會更嚴重，可能與黃體素增加有關。
2. **皮脂腺：**皮脂腺發達且數目多的部位，油脂分泌比較多，痘痘當然也較多。
3. **情緒因素：**生活不規律，熬夜、失眠、情緒不穩定等，都會使青春痘增多。
4. **飲食習慣：**喜歡吃油炸食物、花生和刺激性食物者，都會使青春痘長得更多。
5. **細菌感染：**用手擠壓青春痘，容易引起細菌感染，留下瘢痕。

6. **遺傳：**青春痘也有遺傳傾向，只是遺傳方式不明顯。

7. **氣候：**氣候改變會影響油脂分泌，間接促進青春痘生長。

8. **清潔不當：**沒有徹底清潔臉部，或使用不適合自己膚質的清潔用品也會使痘痘增加。

9. **其他：**如塗抹油性、阻塞性的化妝品、便祕或過敏，都有可能使臉上痘痘不斷增加。

如果妳只要青春不要「痘」，有幾點要注意：

1. 避免使用親油性的保養化妝品，可避免粉刺生長的機會，並應盡量以淡妝爲主。
2. 遵守「雙重洗臉」原則，徹底清潔肌膚。
3. 不要任意擠壓青春痘，以免造成感染而留下瘢痕。
4. 保持心情愉快，情緒穩定，生活規律，睡眠充足。

5.要有均衡營養、正常飲食，避免因便祕而生痘痘。

6.盡量不要吃油脂性、刺激性食物。

7.避免長時間日曬，防止青春痘惡化。

8.經常修剪瀏海，別讓瀏海覆蓋在前額刺激皮膚。

善待自己的肌膚，才能給自己一張好臉色看，別因一時疏忽，讓痘痘有機會冒出頭，變成一張小花臉了。

◆美麗佳人 No-No BOX◆

◎過度洗臉會增加痘痘生長

徹底清潔臉部肌膚，雖無法使青春痘痊癒，但確能避免青春痘惡化。然而，可別因一時心急，過度洗臉，反而使痘痘長得更多了。因為過度清潔，會刺激油脂分泌，使青春痘惡化。在洗臉後，油脂完全清洗掉時，會促使油脂分泌更多，一旦油脂分泌過度，皮膚越顯油膩，青春痘就更嚴重了。

每天洗臉最多以四次為限，而且每次洗完臉，要讓皮脂腺充分休息，使肌膚得以正常呼吸，這樣才不會使痘痘更加蔓延。

黑斑、雀斑

若妳自認天生麗質，但一到夏天可就不靈光了。因爲一到夏天臉上總不免容易留下可恨的黑斑、雀斑，令人氣結。

夏天肌膚容易形成黑斑、雀斑，是因爲皮膚中的色素受紫外線刺激而形成的，一旦受陽光照射，黑色素即隨新陳代謝浮現，而造成黑斑、雀斑。另外，皮膚色澤較深的女性也容易產生黑斑；膚色黑者，皮膚的黑色素也較多，這些黑色素細胞一接受陽光照射，就會浮上皮膚表層，使皮膚變黑。

黑色素細胞會浮上表層，是爲了防禦陽光的照射，而黑皮膚的人對光的防禦系統較佳，也正因這防禦系統太過活躍了，使得皮膚變得敏感，容易造成黑斑。也就是說，黑斑、雀斑的生成，都是身體爲了防禦紫外線傷害的一種本能現象，所以黃種人、黑種人會比白種人更能忍受日曬。

另外，許多人可能不知道，一向被視爲美容聖品的水果，也可能是導致黑斑的罪魁禍首，尤其是皮膚較黑的人更要特別留意了。

富含大量維他命C的檸檬、柑橘具有漂白的作用，但這僅限於食用，如果將檸檬切片拿來敷臉，或把檸檬汁直接塗在臉上，再經過陽光照射，就會出現滿臉黑斑。因爲檸檬汁會促使皮膚黑色素活躍，肌膚容易變黑，甚至出現黑斑。檸檬汁中的成分會在肌膚上停留至少三天時間，若妳在晚上洗澡時以檸檬敷臉，它將會殘留在臉上長達三天，而這三天不可避免的會接觸到陽光，黑斑也就產生了。所以檸檬、柑橘等美味多汁的水果，還是將其壓榨成汁，直接由體內吸收，才會助於美容養顏，不需再費事的切片敷臉了。

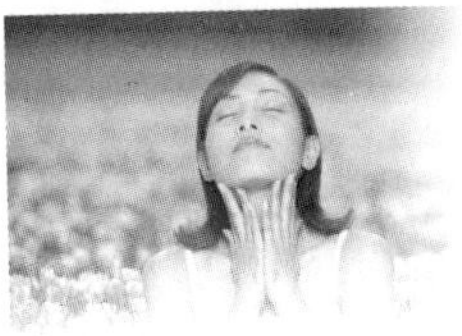

◆美麗佳人小祕方◆

◎外出撐傘避免日曬

夏天的太陽非常毒辣，一出門就像踏進烤箱中，經常曬得人發暈、中暑，如果沒做好防曬措施，不僅容易曬傷，甚至還會出現黑斑、雀斑，及老化皺紋。

「躲在家裏吹冷氣」，實在不是好方法。想要避免日曬造成的傷害，首要的是盡量避開上午十點到下午三點時的陽光，在陽光最毒辣時減少出門。

如果非得出門不可，記住，一定要撐傘並使手防曬品，避免黑斑、皺紋等問題。

夏天流汗多，平日要多喝開水，隨時補充流失的水分，否則極易出現脫水現象。

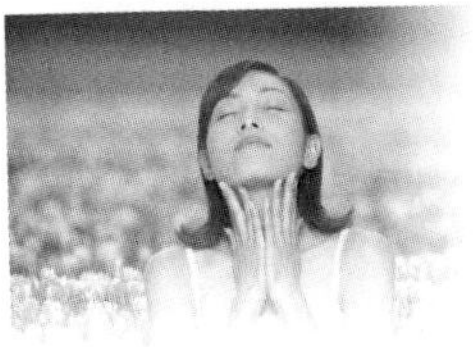

美目盼兮：呵護妳的雙眼

「美目盼兮，巧笑倩兮」。一雙靈動的雙眼，在眼波流轉間，訴盡多少溫柔情意，撼動無數男子的心。這可不是浪漫的愛情神話，或是誇張的電影情節，在我們周圍，或多或少都聽過類似的故事，妳也可能會遇上這種事喔！重點在於如何讓妳的雙眼成為會說話的眼睛，讓一段浪漫的邂逅，不再只是擦肩而過。

大家都知道，眼部肌膚十分細嫩脆弱，是最先老化的部位，容易產生細紋和腫脹，所以當眼睛不再明亮動人時，整張臉也會顯得憔悴。由於眼皮組織每天的活動量很大，二十五歲以後，便漸漸失去彈性及緊密性，皺紋也會開始出現，加上眼睛四周的肌膚細緻脆弱，沒有可防護乾燥或保持彈性的脂肪組織、皮脂腺及汗腺，僅靠極單薄的角質層對抗水分的流失，所以眼部肌膚必須及早保養。

雙眼浮腫及黑眼圈，是使眼睛憔悴的主因。早上起床時發現眼睛浮腫，表示循環不良，血流不暢，淋巴液排出緩慢，使養分和廢物的輸送出現問題；淋巴管及微血管受壓力而破裂後，液體便會流出，而使眼睛四周的皮膚腫了起來。至於睡不安穩、壓力太大、過於緊張和疲勞，也會引起眼部的後遺症，前晚熬夜、睡眠不足，隔天出現黑眼圈已不足爲奇。此外，下眼皮通常會缺乏充足的水分補充，常因過於乾燥而產生細紋。

想要保有迷人雙眸，就要盡早開始保養眼部肌膚。現在各家化妝品都不斷推出具有淡化細紋、黑眼圈、眼睛浮腫和預防提早老化的保養品，而且都有很好的保濕效果。選擇適合的產品，好好保養呵護妳的雙眼吧！

保養之道首重清潔，眼睛也不例外。在睡覺和洗臉前，應徹底清潔睫毛膏和眼部彩妝，先以化妝棉沾取眼部卸妝液，然後閉上眼睛輕輕拭去彩妝。卸妝洗臉後，應擦上眼霜或乳液輕輕按摩，使眼霜的細小分子和養分、保濕因子都能被充

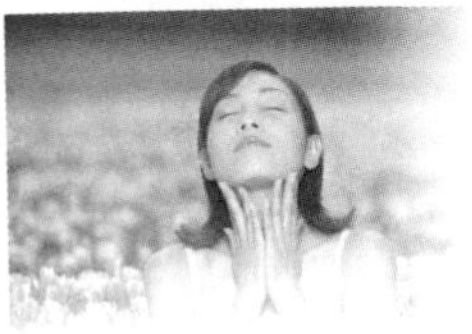

分的吸收。

而水分的補充也是不可少的，每天盡可能喝兩公升的水，能改善眼部血液循環，使新陳代謝所產生的廢物能順利排出，保持充足的睡眠，眼睛自然就不會浮腫。但若你在睡前喝過了量的水，第二天清晨即會出現浮腫的雙眼，所以應避免在睡前喝太多水。

如果妳臨時要上較正式的妝，可是雙眼疲勞，狀況極差怎麼辦？別急！可採取緊急措施，敷上眼部專用的潤膚眼膜。這可是救急特效品喔！

◆美麗佳人 No-No BOX◆

◎果酸不可擦在眼睛四周

如果妳對流行保養十分敏感，那麼一定會發現「果酸」在一夕之間熱門起來，各種含有果酸成分的保養品突然成為一時之選。但究竟「果酸」為何？許多人仍一知半解。

「多重複合果酸」能去除老化的角質層，而不會傷及新生細胞，破壞表皮組織，而且還能形成補強天然水脂膜的保護層，是十分有效的保養品。然而使用時要特別注意避開眼部肌膚，因為眼部肌膚十分脆弱，需使用眼部專用的保養品，若使用錯誤，不僅無法吸收養分，還可能使皮膚紅腫發炎，得不償失！特別是在使用果酸面膜時，更應避開眼睛四周嬌嫩的肌膚。

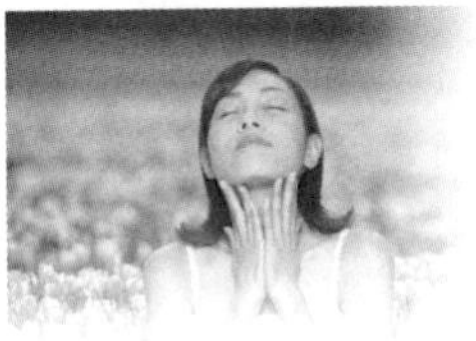

嘴唇的保養

當人們稱讚妳的嘴唇眞性感時，或許不會讓妳一整天攬鏡自照、孤芳自賞，但肯定會讓妳欣然接受，開心一天呢！

美麗佳人除了有雙靈動嫵媚的明眸外，性感完美的紅唇更不可少，所以護唇也是一項必要的功課。嘴唇與臉上、身上的肌膚構造不同，屬黏膜的構造範圍，它沒有皮脂腺、汗腺，也沒有水脂質保護，當然也不會有黑色素可以抵抗紫外線侵害了。

因此，乾燥氣候的刺激，容易使雙唇乾燥、緊繃、龜裂，並在嘴唇四周出現小皺紋。最簡單的護唇方式，只要掌握：卸妝、滋潤、按摩、防曬四點即可。

唇部卸妝是許多人輕忽的觀念，許多人仔細卸完臉上彩妝之後，卻只是潦草的用面紙將口紅擦去，這樣長期以面紙刺激嘴唇，將使之變色。應改用卸除口紅專用的乳液或冷霜，薄薄的塗在唇部，待口紅浮出再輕輕拭去。其次，在上口紅之前，最好先使用護唇膏，避免嘴唇與口紅直接接觸。尤其到了秋冬時，天氣乾冷嘴唇易乾裂，這時，如用舌頭去舐，將加速乾裂、脫皮；最好的辦法是使用護唇膏保護，並時時補充滋潤。

平日以護唇膏護唇，每隔三天使用按摩霜或凡士林輕柔地按摩，再以微濕的毛巾輕輕拭去，即可清除唇部乾紋或乾燥的皮屑。

最後別忘了嘴唇也要防曬，因爲嘴唇沒有黑色素可以抵抗紫外線傷害，所以要保護唇部不受陽光、寒風及乾冷氣溫的侵襲，護唇膏和口紅即是很好的保護。如果要從事戶外活動，使用具防曬系數的防晒唇膏，效果更佳。

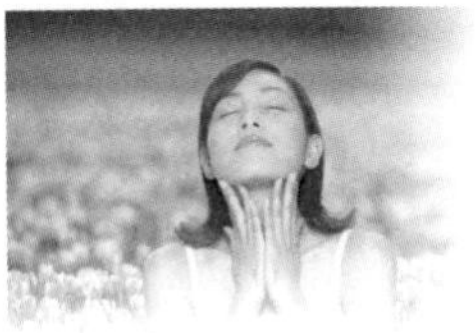

◆美麗佳人小祕方◆

◎睫毛也要仔細呵護

有雙明亮大眼，如果正好又擁有密又長的睫毛，實在是一件不可多得的美事，但是如果妳沒有如此幸運，也不需沮喪，只要仔細呵護保養，仍可擁有健康的睫毛。

為了使眼睛更迷人，經常使用睫毛膏，會使睫毛負荷過度，變得乾燥、脆弱、易斷。

因此，必須特別注重保養；可以選擇含有柔軟、修護成分，能強化睫毛，使它不易斷落的眼部卸妝液。並且塗上睫毛膏，使睫毛保持柔軟彈性，更具光澤。

小小睫毛看來似乎不重要，但卻能達到襯托明眸的效果，如果妳以前忽略了，現在開始好好保養吧！

別忘了護頸

大家都知道護臉很重要，但妳曉得護頸這回事嗎？嘿！可別說沒想到，粗心大意是不能成爲一個美麗俏佳人的。

在一般美容護膚廣告裏，只見臉部護膚、全身保養，可是，卻不見頸部保養；市售保養品多爲臉部保養，少見頸部保養品，由此可見，頸部保養眞是被忽略了。

歐美婦女習慣在社交場合中穿著露肩禮服，因此普遍注重頸部保養，而東方女性膚質較西方女性細緻，卻只注重臉部保養，對於頸部保養一點也不在意，所以經常可見不少人擁有一張漂亮臉蛋，然而脖子上卻佈滿皺紋，眞是美中不足！

和臉部肌膚一樣，頸部和胸部經常暴露在陽光下，如果妳使用臉部防曬油和保養品，那麼爲何不需使用頸部的防曬油、保養品保養呢？臉部和頸部肌膚不同，頸部肌膚比較薄，缺乏厚脂肪層，血液循環較差，很容易鬆弛產生皺紋，出現過早老化現象。

其實，有不少頸部保養品可增加護理效果，其成分包括能幫助皮膚中結締組織復原的膠原彈力纖維液，可改善鬆弛現象；還有維生素A、D，可補充皮膚營養，讓肌膚緊繃；以及蜜蠟、羊脂及保濕成分，這些都能幫助頸部肌膚護理的。

在使用頸部保養品時，必須由下往上輕輕按摩，藉此動作使頸部肌膚更具彈性而不易鬆弛，記得頸子前後都要仔細保養。冬天氣候乾燥，要以滋養、保濕爲主；夏天則以含SPF15的防曬油保護。

紅花有綠葉搭配，更顯嬌豔；漂亮的臉蛋，也需要無瑕的粉頸襯托，如果妳從前疏忽了，現在就開始保養吧！永遠不會嫌遲的。

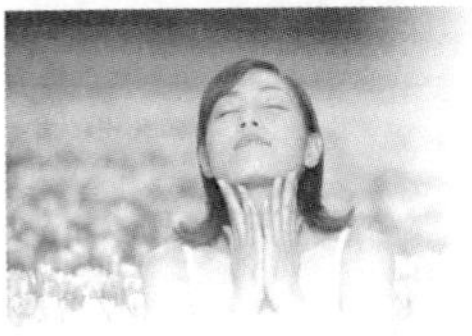

◆美麗佳人 No-No BOX◆

◎茶有助於美容嗎？

茶有助於美容嗎？不少人這樣懷疑，這真是一個備具爭議性的話題。茶葉中含有大量的維他命C，理論上的確可使皮膚變白，氣色良好；但是茶裏也含有咖啡因，會造成色素的活動旺盛，臨床上也發現長許多黑斑的人中，大多數有喝茶的嗜好。

到底茶是否真有美容效果？至今仍未得到確切的答案，最好以平常心看待喝茶這件事。至於臉上已長有黑斑者，還是少喝點茶吧！

皺紋！咒紋！

當妳第一次發現魚尾紋，想必一定大受打擊吧！妳會沮喪個好幾天，還是忍不住詛咒一番？

皺紋的產生不外乎兩個原因，一是保養不當，造成提早老化的現象；二是誰也無法抗拒的自然老化現象。

長時間暴露在豔陽下，缺乏妥善保養，皮膚很快就會出現皺紋，所以說防曬的工作十分重要，它不僅可以防止紫外線對肌膚的傷害，也能避免因過度曝曬而出現的小皺紋。另外，還有不少人在使用洗髮精、香皂或敷面劑後，沒有徹底沖洗乾淨，如此，殘留的物質將使肌膚失去水分和油脂，皺紋也就因此而產生。

錯誤的保養方式也是皺紋增生的因素，例如按摩方式。按摩肌膚可增加皮膚

抵抗力，同時也可以用面霜來補充流失的水分及養分，但若按摩的方式不當或過度按摩，反而會引起反效果。

按摩的正確方式是由肌膚反方向輕輕按摩，在眼睛周圍以圓圈狀方式按摩，由於眼睛周圍的肌膚特別脆弱，需特別輕柔，否則容易出現皺紋。在按摩時一定要塗上面霜或按摩霜，避免以手直接刺激肌膚，以免皺紋橫生。

妥善徹底的保養，並不能保證絕對不會出現皺紋，不管妳再怎麼用心，仍敵不過自然老化的皺紋產生。

每一個年齡都有每一個年齡的美。年輕時是一朵初綻的花朵，嬌嫩可人；經過世事歷練，這朵初綻的花，更爲嫵媚動人，就像玫瑰開得最豔麗時一樣，而皺紋正是成熟美的象徵。敞開心胸吧！珍愛自己，必先接納自己的優點和不可避免的缺點，小小皺紋無傷大雅，或許還更見成熟魅力哩！

◎正確按摩法

不當的按摩會引起皺紋，但不表示按摩一定會產生皺紋，只要方法正確，就能達到最好的效果。因為按摩可讓肌膚保持清潔、乾爽、亮麗，同時還可預防和治療因循環不良而引起的凍傷，使肌膚更加透明健康。

按摩之前，先要清潔洗臉，接著頭部先左右上下擺動，促進頸部的血液循環，再以按摩霜做潤滑劑來按摩。按摩的方向和順序要依照血管、淋巴管、膠原纖維、彈力纖維、肌肉等紋路輕輕按摩，千萬不可用

力拉扯、搓揉，這樣反而會使肌膚容易鬆弛。

按摩的效果不是一蹴可幾，妳必須有耐心、有恆心、有順序的持續進行，才能達到妳預想的目標。妳是不是已經開始按摩了？別忘了要持之以恆喔！

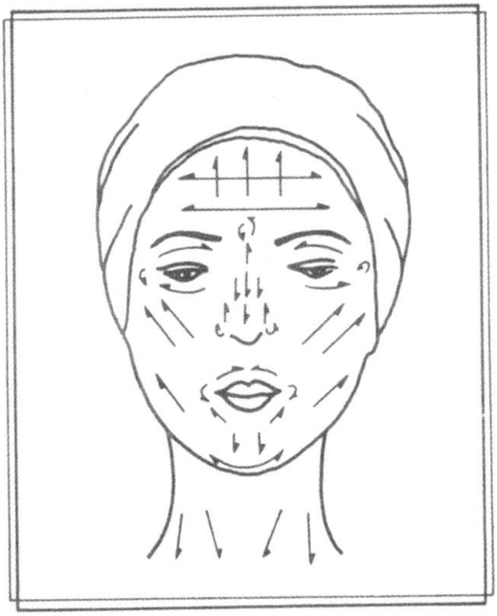

正確的按摩法

預防臉部肌膚老化之道

實在不願一再提醒——老化是不可避免的。雖然無法使生理時鐘停擺，但是妳可以採取有效的保養方式，避免提早老化，並減緩老化過程，例如：有效的臉部運動和按摩護膚方法，都能使妳的肌膚細膩有彈性。

認眞算起來，人自出生那一刻開始，就已經進入「老化過程」，所以當眼角出現魚尾紋時，不必慨歎歲月不饒人，那只是一種自然的生理過程。每個人遲早都會出現皺紋，誰也沒吃虧或佔便宜，因此，趕快開始保養肌膚的計畫吧！

首先要加強臉部肌膚的運動。運動有益健康，即使是臉部也一樣。當臉部肌肉緊繃時，臉部肌膚也會緊繃，而要防止臉部肌膚鬆垮，「笑」就是最簡單的臉部運動。在每次露齒一笑時，臉部肌肉會提起，如果做「獅吼」的誇張動作，更

能增強臉部肌膚的運動。另一個簡單的運動是做幾個發音練習：ㄚ、ㄝ、ㄧ、ㄡ、ㄨ。盡量誇張些，讓臉部肌肉都能運動，每做一個發音時，保持幾秒鐘，每天反覆數次。

做完前面兩個運動後，可以再做些臉部按摩的輔助運動：

1放鬆運動和鎮靜臉部肌肉的按摩：由下巴向下唇、向太陽穴；鼻梁向髮際；前額中央向外側；以指腹呈螺旋狀輕柔地往上和往外按摩。

2減輕眼袋的按摩：食指指腹放在眼睛下方靠內眼角處，輕壓數秒，再沿眼睛的弧形輕壓至太陽穴處，最後是鼻梁及內眼角上方。如果能按照針灸穴位按摩，效果更佳。

3減輕前額「憂愁紋」的按摩：以指腹輕揉捏前額，從眉頭起，以向上、向外的動作，揉捏至太陽穴。

4增加臉部光澤彈性：用兩手的指尖以彈鋼琴的按摩法按摩，自下巴處到臉頰、前額，反覆多做幾次，可促進循環，使臉部更具光澤及彈性。

除了臉部運動及按摩之外，避免日曬也可減少臉部出現皺紋的機會；另外，戒煙、戒酒，維持正常飲食和生活習慣，也是保養臉部肌膚健康不可或缺的方式。

◆美麗佳人小祕方◆

◎美麗肌膚是身體健康的鏡子

林黛玉型蒼白且缺乏血色的病態美早已過時。在今日，紅潤的雙頰及白皙光澤的肌膚才是健康的象徵。

當身體生病或生理不順及貧血時，臉色必定極差，缺乏生氣、失去

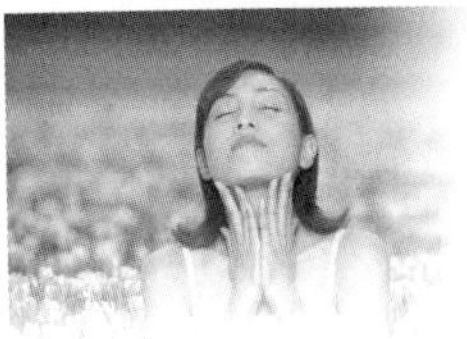

光澤；當肝臟發生問題時，便會產生黑斑；身體情況失常，就開始出現斑疹……。

肌膚就像一面鏡子，能忠實地反應出身體的健康情形。所以應隨時注意保持肌膚的健康，注重身體的營養補給，惟有健康的身體，才有美麗的肌膚，這是不變的道理喔！

十大美容食品

妳信不信，充足的營養能讓妳變得極吸引人，這可不是服用大量維他命丸即可達到的效果，而是從均衡的飲食中，吸收充足的營養，使肌膚、頭髮，甚至是指甲，都散發光潤可人的動人神采。

均衡飲食是如此的重要，那麼妳怎可不知富含營養的美容食品呢？

一、**含維他命A的食品：**南瓜、甘薯、桃、杏、芒果等有橙色果肉的食物，含有豐富的維他命Ａ，可刺激膠原質生長、調節皮脂腺、幫助肌膚的生長和修護，還能滋養指甲床。另外綠色蔬菜中的甘藍、菠菜和荷蘭芹等也含豐富的維他命Ａ。

二、**維他命B類：**花生、杏仁、胡桃等各含不同的維他命Ｂ，可常保肌膚柔嫩，促進毛髮和指甲生長，降低膽固醇，改善血液循環，增加體力。

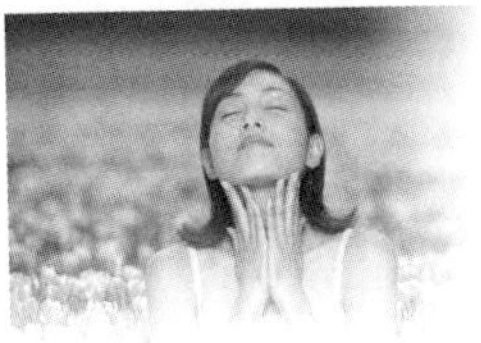

三、維他命C類：桃、莓和檸檬、柳橙，甚至是馬鈴薯，都含有大量維他命C，能製造及保養肌膚的膠原質，防止蛀牙，保護微血管的健康。至少，每天應吃一種高維他命C的食物。

四、維他命D類：牛奶、酸奶酪、蛋黃及魚類中含有維他命D，就像鈣質一樣，維他命D也具有強健骨骼和牙齒的功效。由於身體可自行貯存維他命D，故不需每天吸收，一週二、三次即可。

五、維他命E類：橄欖、黃豆、花生、麥芽、玉蜀黍、芝麻、葵花籽等，都含有可抵抗細胞損壞和膠原質衰竭的維他命E。能減緩肌膚老化，刺激血液循環及細胞代謝，使臉部肌膚光潤，神采奕奕。

六、牛奶及酸乳酪：鈣是身體中大部分組織的構成元素之一，除了強健骨骼、牙齒外，還能使肌膚光澤，但若吸收過量酒精、咖啡因、碳酸飲料、鈉和脂肪，或是缺乏運動、精神緊張、大量吸煙時，皆會消耗大量鈣質，需經常補充。

多食用豆腐、杏仁、魚子醬、牛奶和酸乳酪，即能補充鈣質流失。

七、蒜、洋蔥、海鮮、巴西果仁和火腿含豐富的微量礦物——硒：能保持免疫系統穩定；與維他命E結合時，能使紅血球保持健康及皮膚紅潤。

八、牛肉、豆類、葡萄乾等：具有製造血紅蛋白所需的鐵質。缺乏鐵質會導致貧血、疲勞、精神不濟、皮膚粗糙、指甲易斷裂等現象。所以女性朋友應多食用這類可改善貧血的含鐵食物。

九、龍蝦、蚌、蠔、蟹等甲殼動物：含有使肌膚、毛髮、指甲、眼睛光彩照人的鋅，可防止肌膚出現擴張紋。

十、西瓜、鳳梨、橙、葡萄、甜瓜等含大量水分的水果：多吃可補充因流汗而流失的水分，使新陳代謝順暢。

這些美容食品包括有各類蔬果，只要平時多注意均衡飲食，都能由自然飲食中，攝取足夠營養，偏食與挑食的人，則要多留意正常的飲食習慣，別讓挑剔的

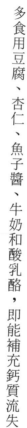

嘴，壞了健康美容的大計。

◆美麗佳人 No-No BOX◆

◎下列食物盡量少吃

有些食物對人體並無益處，例如辛辣的胡椒、辣椒吃多了，會讓人產生厭食性的壓力反應，而促使皮膚老化；至於香菜、韭菜、九層塔等食物，則因感光性強，多吃易導致肌膚變黑；柑橘、南瓜、紅蘿蔔、淺草海苔，則有使肌膚變黃之虞，要節制食用。

部分高脂肪的起司、橄欖、鱷梨及含有過多鹽分的食物，都應盡量少吃。另外煙、酒、咖啡、茶，會使肌膚乾燥，並且消耗體內的鈣、鎂、鉀及維他命Ｂ，使肌膚提早老化，是美容大忌，還是少吃為妙。

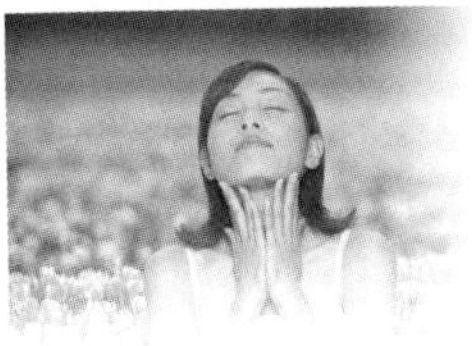

必備的化妝小道具

對初學化妝的女性而言，認識各種化妝用具，是學習化妝的入門課程。妳可以不必備齊化妝所需的大小道具，只要能夠靈活運用手邊僅有的化妝用具，即是成爲化妝高手的必備條件。

一、**化妝海棉：**化妝海棉分乳狀用、液狀用、粉餅用及兩用式，其功用是能將粉底霜均勻抹在臉上，有修正細部及吸取多餘粉底的效果。選購化妝海棉應以紋理細緻、表面光滑者爲佳。在使用時，要注意保持清潔，需經常將被粉底霜沾污的部分削去。

二、**粉撲：**粉撲是上蜜粉時使用的化妝用品，以彈性佳、觸感輕柔的素材最好，在使用時才不會對肌膚造成不必要的負擔。由於經常將蜜粉揉入粉撲中，輕按在粉底霜上，所以要特別注重粉撲清潔，最理想的做法是常備二至三個粉撲，輪流替換清洗。

三、修容刷：各種修容刷不外乎一個作用——拂去臉上多餘的粉末，而且不同部位使用不同型式的修容刷。大範圍使用筆毛飽滿的；處理細部的鼻翼時，則用毛筆式的；上陰影時，則用直的修容刷，並且要選擇質地柔軟的動物毛，才不會太刺激臉部肌膚。

四、眼棒、眼影刷：這兩者都是眼部化妝的小道具，幫助眼影化得更加柔美自然，以達到修飾效果。

五、睫毛夾、睫毛刷、睫毛梳：睫毛夾的弧度應與眼睛相符，才能夾出適當弧度。睫毛刷、睫毛梳除了是整理睫毛的用具之外，也可以用來畫眉，刷掉多餘粉末，呈現漂亮自然的眉型，可好好利用。

六、唇筆：描繪完美唇型需要靠唇筆刷，可選購一支天然毛、彈性佳的平型

筆。

七、化妝棉：品質好的化妝棉在使用時，不會在臉上留下棉絮，而且尺寸大小適當、觸感柔和，不會刺激皮膚。外出旅遊時也可以替代修容刷、粉撲，方便好用。

OK！現在仔細檢查一下妳的化妝箱，是否都備齊了各種化妝小道具？遺漏的用具，趁著逛街時仔細選購，一定能找到品質佳、耐用的各種化妝小道具。

◆美麗佳人小祕方◆

◎兩用粉餅只剩一點點時

外出補妝時，不可或缺的就是粉餅，它能讓妳隨時保持完美的妝容，不必擔心因出汗、出油而使臉上的妝糊掉。

由於經常使用，粉餅逐漸減少，最後會出現中央部分已經見底，可是邊緣部分還很厚的情形，使得海棉沾粉不均勻，使用不方便，丟掉又太可惜！

這時不妨將四周的粉餅壓碎後，移到較小的容器中，這樣不僅不會浪費，同時攜帶也十分方便。在使用粉餅補妝時，要先用吸油面紙吸去臉上的汗水、油脂後再補妝，如此，才能保持亮麗光彩，讓美麗不打烊。

基礎化妝法

對於初學化妝者而言，想要化出自然柔和的妝容，關鍵在於掌握完美的基本化妝技巧。在基礎化妝前需先做好保養的工作‧徹底清潔、調理肌膚、充分滋潤。保養之後，再抹上一層薄薄的隔離霜，避免化妝品直接接觸肌膚，以減少化妝品對柔嫩肌膚可能造成的傷害，並能使粉底霜及蜜粉塗抹得更均勻。這一步驟千萬不可省略。只有保養工作做得徹底，才不會因長期化妝而使肌膚粗糙老化。

接著開始上粉底，取一粒花生大小的深色粉底霜及半粒花生大小的亮色粉底霜，倒在手掌上混成一色，在臉頰、額頭中央、鼻翼、唇角處（臉上若有瑕斑或面皰，可先抹上蓋斑膏或遮瑕膏），先以指腹逆著汗毛生長方向均勻塗開，讓粉底霜滲入肌膚，再用化妝海棉輕抹，可增加滲透，使化妝持久。

接著以蜜粉營造出透明感，使用兩片粉撲，一片沾取蜜粉，再揉進第二片粉撲上，使整個粉撲沾滿蜜粉後，由臉上最大面積處開始，輕按二～三次。注意！蜜粉是用粉撲輕按的，不是用拍打的。

另外，在鼻翼、唇角處較不易上蜜粉，可利用修容刷沾取蜜粉修整。最後再將修容刷的側面貼著肌膚，上下大幅刷動，把多餘的蜜粉刷去。髮際、唇角、下顎處往往容易被忽略，要記得檢查一下。

完成以上步驟後，再來是眼部及唇部的重點化妝。眼部化妝包括：上眼影、描眼線、刷睫毛及畫眉，充分掌握化妝小道具，即能修飾出明亮雙眸。唇部化妝則要先描出唇部輪廓，強調唇形，再以唇筆塗滿唇彩。

所有化妝步驟完成後，別忘了再檢查一次，如果發覺臉上色澤不均勻，可用修容餅調整各部位的失調感。其實，自然化妝並不難，只要掌握技巧，勤加練習，慢慢地，妳也能體會化妝的樂趣喔！

◆美麗佳人小祕方◆

◎簡單掩飾小皺紋

燦爛的笑容令人愉悅，可是當妳發現眼角、唇邊出現微小皺紋時，臉上的笑容會不會僵住呢？其實眼尾的笑紋會讓妳的眼睛笑起來更嫵媚，倒是無傷大雅；真正麻煩的是這些小細紋，會讓好不容易上完的妝脫落，這可就傷腦筋了。

有些人為了要掩飾這些細紋，就使用遮蓋力強的粉膏、粉條，結果厚厚的一層粉底卻使細紋更明顯。

最好是能夠擦上液狀粉底，在眼尾、眼窩處，以無名指輕拍，可以讓粉底在肌膚上的附著力更好，然後再撲上蜜粉，這樣就能讓化妝更持久了。

修飾臉型的化妝技巧

化妝最主要的目的就是修飾臉型，強調五官的特色；所以要化好妝，首先一定要了解臉的輪廓、臉型比例和眉型、眼型、鼻型、唇型間的關係，並藉由眼影、腮紅、鼻影、粉底的描繪，修正出最標準的比例。在此即針對不同臉型介紹簡單的化妝技巧：

(一)圓型臉和方型臉

此二種臉型最大的共通點是同屬較豐滿的大臉型。爲了增加立體感，粉底的修飾是很重要的。眉型方面，圓型臉需配帶點角度的眉，方型臉則可採短的圓弧型，但不可太粗，才能使視覺集中。鼻影需修挺，最後刷上修長的斜三角腮紅製造陰影，這樣就能使圓型臉和方型臉顯得修長些。

㈡菱型臉

菱型臉角度多，在陰影的打造和明亮度的分配上，要特別用心。眉型以長彎眉為宜，但不要太細；眼影簡單大方即可，不需過分強調；鼻影、腮紅不可過長，否則臉型會顯得太瘦長，而失去修飾的作用。

㈢正三角型臉

用明亮的粉底修飾額頭及太陽穴處，兩顎以深色粉底遮飾成陰影，拉長粗而圓弧的眉毛，增加額頭寬度。鼻翼和唇部以亮麗色彩強調，在耳際及太陽穴處，以腮紅刷出橢圓斜三角，這樣就能修飾出完美的效果了。

㈣逆三角型臉

下巴尖細、兩頰削瘦的逆三角臉，可在有角度的地方做陰影，再以粉底打亮尖細的下巴和兩頰，修飾出標準的臉型。注意眉毛宜畫彎眉，但不要太長，口紅顏色不要太深，接近自然唇色的口紅較討好。

◆美麗佳人小祕方◆

◎刷子上蜜粉很簡單

妳可能不知道修容刷比粉撲好用吧？刷子沾粉均勻，上粉容易，在拭去餘粉時，才不會像初次用粉撲般，因用力不均，造成蜜粉厚薄不一的情況；且對粉撲照顧不到的細部如鼻翼，有相當的效果。只要四步，即可輕鬆上蜜粉，妳也可以試試喔！

1. 先沾最淺色的粉，在T型帶刷出立體感。（圖一）
2. 用刷子的側面沾粉，先將刷毛朝上抖一下，讓蜜粉與臉接觸時更均勻，輕輕在臉上以打圓的方式上粉。（圖二）

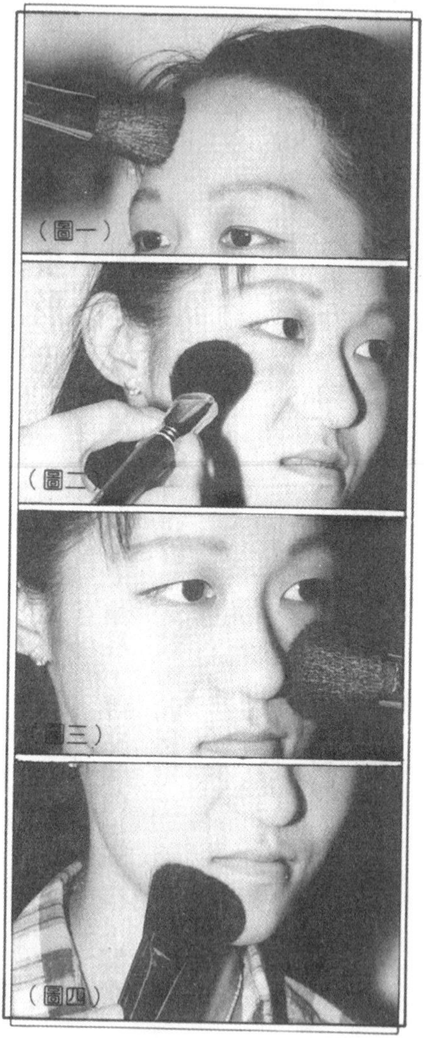

3.鼻翼到唇角間以輕壓的方式，使蜜粉不易脱妝；注意不要忽略髮際處。（圖三）

4.下顎線及臉部外側輪廓刷上深色粉，可縮小臉部的視覺效果，強化臉型。（圖四）

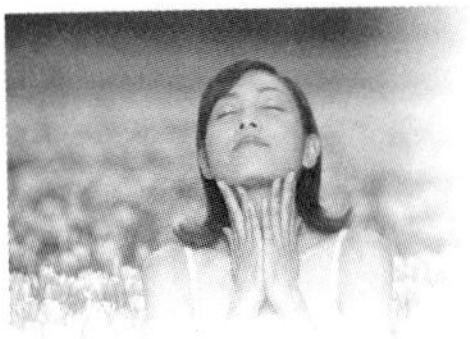

塑造一張蛋形臉

什麼樣的臉型最好化妝？任何人都會回答——蛋型臉。的確，蛋形臉可說是最標準的臉型，只要強調五官，不需再刻意修飾臉型。然而，並不是每個人都有一張完美的鵝蛋臉，這時臉型輪廓的修飾就越形重要了。

妳能夠清楚地道出自己的臉型嗎？如果沒把握，沒關係，現在就仔細端詳，究竟是圓型臉還是長型臉？或者是腮骨和顴骨比較明顯的方型臉，額窄下巴寬的正三角型，或額寬下巴尖的倒三角型臉？如果都不是這些類型，那麼妳可能是屬於多角度的菱型臉。

不論妳是哪一種臉型，化妝的目的是把各種臉型輪廓修飾成最接近蛋形的標準臉，讓視覺上達到協調、柔和的效果。（圖一）

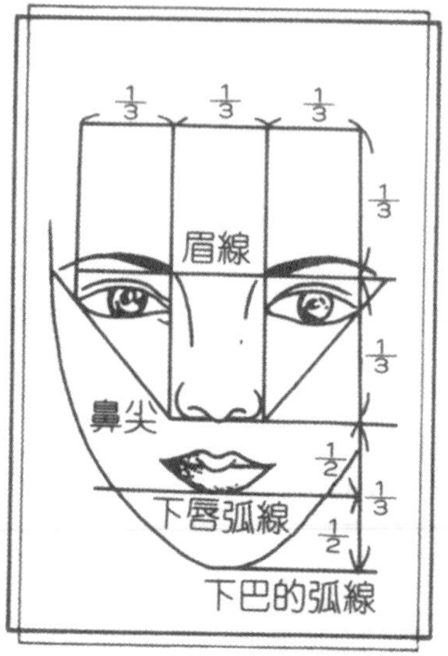

（圖一）完美的標準臉型比例

在基礎保養並上完粉底霜之後，就進入修飾臉型的程序了。首先需準備比正常粉底霜明亮或較深二、三級的粉底霜，做爲修飾的底色，太明亮、太濃重都不適宜。明亮的粉底先輕抹在臉型低陷處，增加飽滿與亮度。再來用較深色的粉底輕抹在凸出的腮骨及鼓圓的臉頰上，使整個臉型均勻端正。至於較低的鼻梁和較短的下巴，若抹上較明亮的粉底霜，就製造出鼻梁高挺，下巴加長的效果了。（圖二）

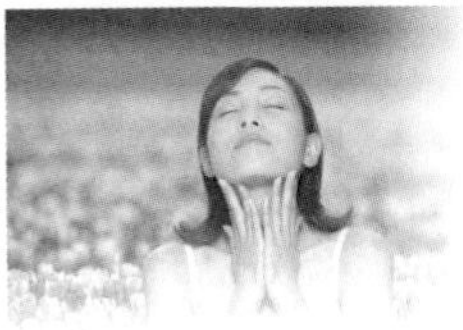

只要掌握住明暗色彩的控制，各種臉型都能盡量達到柔和的標準輪廓。若妳覺得自己的膚色不佳時，也可以利用粉底的顏色來調和，較黃的膚色可選用粉紅色及淡紫色的粉底；發紅的皮膚則以偏藍或綠色的粉底修飾。針對膚色的缺點，選用不同顏色的粉底，才能得到最好的修飾效果。

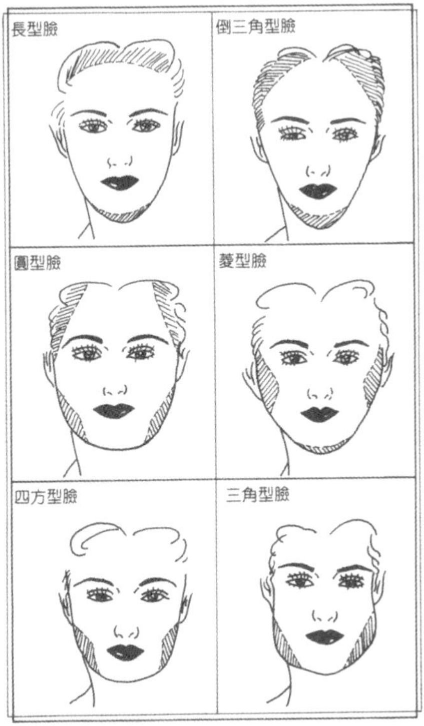

（圖二）斜線處抹上深色粉底，可修飾出漂亮的蛋形臉

◆美麗佳人小祕方◆

◎冬天粉底不易推勻

經常上妝的人一定會發現，冬天時粉底不易推勻。因為冬天氣候乾燥、氣溫底，粉底會顯得較稠密。

加上臉可能已經凍僵了，血液循環也較差，這時只要先將粉底霜或粉底傾倒在掌心，再輕輕搓揉，藉著雙手的摩擦來溫熱粉底，使粉底更易推勻，增加粉底與肌膚的密合度。

上完粉底之後可再噴一下礦泉水，除了能補充水分之外，還有定妝

的效果，防止化妝脱落。礦泉水不能直接往臉上噴，應在下巴四十五度角附近向上噴一下，讓細細的水霧輕飄在臉上，才不會把好不容易才畫好的妝弄糊了。

眼部化妝技巧

眼睛不只是「靈魂之窗」，除了反映內在心靈的純潔之外，也讓美麗景致盡收眼底，感受花花世界的美麗盛宴。眼睛既然能讓我們感受美麗，我們也應讓眼睛美麗。

粉底顏色應配合膚色，而眼影的顏色則需配合整個臉型化妝的色系。以黃種人的膚色而言，米黃色系及褐色系最能表現自然、立體的感覺。開始上眼影前，先拂去基礎化妝時殘留的蜜粉，可使眼影持久些。

上眼影的部位其實不大，但想使眼影強調出最佳效果，可不是初學者能輕易辨到的，所以在此介紹兩種基本的眼部化妝技巧：

(一)區域層次法

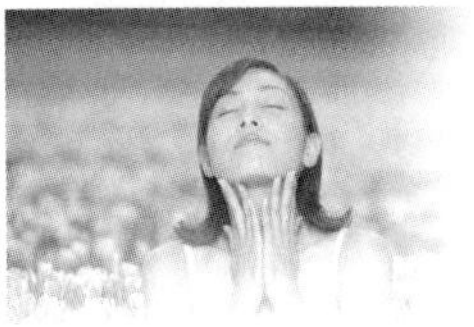

區域層次法是將眼瞼分爲九個區域，以同一色系不同深淺的眼影，輕點在這九個區域內，近眼處較深，近眉處較淺，然後再以指腹輕抹一下，接著以眼影塗抹均勻，以細棒加深眼線，自然就能描繪出層次感，讓眼睛看起來更柔媚。（圖一）

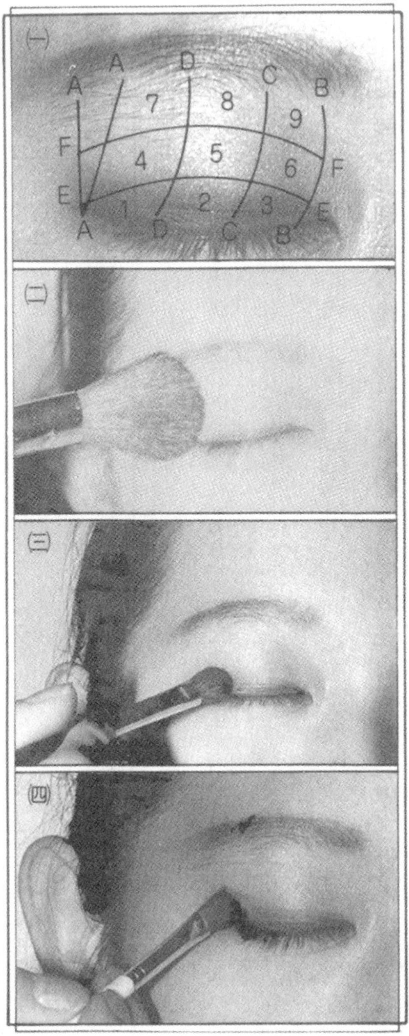

(二)階段層次法

首先將整個上眼瞼都抹上一層淺色眼影（圖二），接著在眼眶二分之一處抹上稍濃的眼影（圖三），並朝眼尾處稍稍往上抹。然後再以深色的眼影塗抹在眼眶四分之一處的眼尾部分（圖四）。階段層次法的眼影塗抹技巧是以大、中、小三種眼影刷，刷出深淺的立體感，只要善用這三種號碼的眼影刷，即可輕鬆上眼影了。

區域層次法及階段層次法，上眼影的方式不同，使用的化妝用具也不同。另外，針對不同眼型，也會有不同的化妝法。

眼皮寬的眼睛在眉毛下方可用明亮度高的色系，眼皮則塗上較深的顏色，並畫上眼線，強調眼睛的輪廓。眼睛距離近的人眼影朝眉梢方向斜抹，內側眼角處採用明亮的顏色；眼睛距離大的人在內側眼皮塗上較深色的眼影即可，並畫眼線修飾；至於眼眶較深者，眼影以亮色系爲主；眼睛較凸的人則不可使用明亮的眼影色彩，應以深暗色系爲主，再畫上眼線。

每個人眼睛的優缺點各不相同，只要經過適當的修飾，人人都能擁有一雙美麗明眸。當然妳也不例外，不信現在就試試！

◆美麗佳人小祕方◆

◎適合東方人的眼影顏色

眼部彩妝的目的是為了使眼睛更有立體感，所以眼影色彩的選擇要能表現自己的風格，並以適合自己膚色者為佳。以東方人而言，膚色都偏黃，較適合使用灰色系及茶色系的眼影，看來較為自然。

如果妳希望表現出獨特風格，不妨大膽嘗試流行的色系，如紫色、藍色、綠色或桃紅色，或許會有令人驚豔的效果喔！

畫眉深淺入時無

一般人以爲眼部化妝的重點在眼影，其實這是錯誤的觀念。眉毛，才是決定臉部印象的重要條件。而且不同眉型，可以表現出不同的個性和風采，所以應將眼睛和眉毛視爲整體，不可忽略眉毛的修飾。

眉型必須配合臉型；圓型臉在畫眉時尾端需稍稍上揚，並畫粗些，太細會使臉更圓；長型臉則以直線且尾部稍稍下垂爲最理想，別把眉毛畫得太圓，那只會使臉型看來更長；而方型臉的人，無論是哪一種眉型，都能與臉型保持平衡協調，只要稍加強調，就能使眉毛十分出色了。（圖一）

其實臉上的五官都是固定的，只有眉毛可以略微調整高低、長短、粗細、濃淡，藉由不同眉型表現不同神態。尤其是當妳五官比例不很完美時，更可調整眉

毛來補救。例如五官不突出且臉型小的人適合濃眉；方型臉的眉形最好要有點弧度；蛋形臉可用較直的眉型來表現。

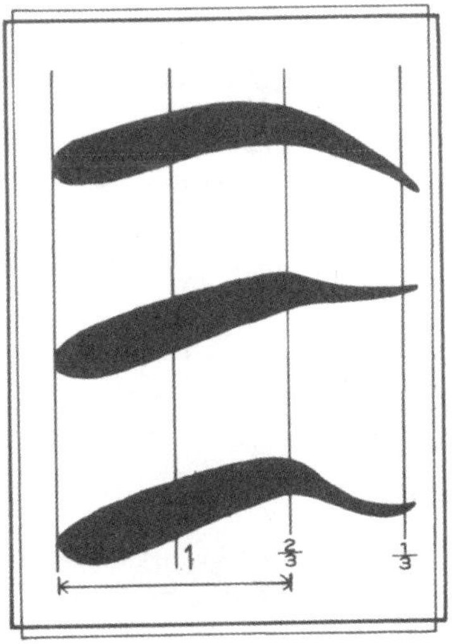

（圖一）眉型的描繪方法從眉頭描繪至三分之二處，其餘三分之一可描向上或向下。

除了不同眉型的講究之外，畫眉技巧也是另一重點。在畫眉之前，先以眉毛梳順，並拂去多餘的粉底霜和蜜粉（圖二～一）。接著選擇適合自己的顏色在眉下斜斜描出，到眉峰處再朝眼尾平行描畫（圖二～二）。然後在眉毛稀疏的地方一根根的仔細描，如（圖二～三）。最後可用透明的睫毛膏將眉毛刷挺。

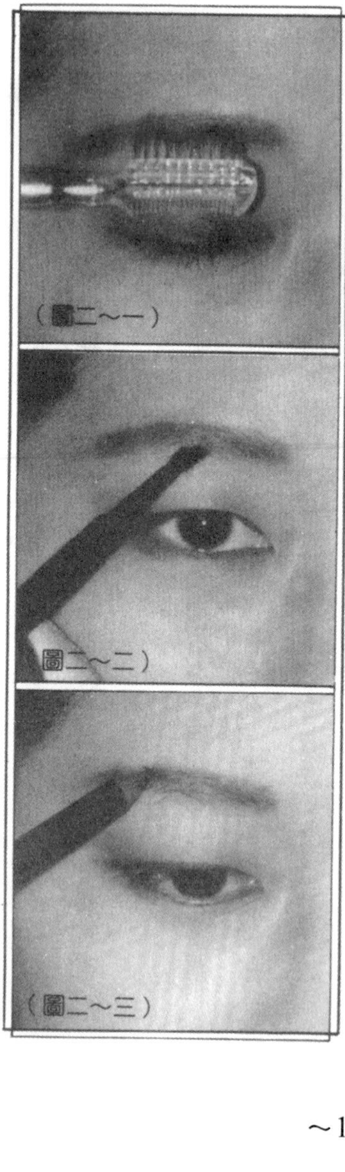
（圖二～一）
（圖二～二）
（圖二～三）

也許妳已能充分掌握畫眉的技巧了，那麼妳是不是想嘗試不同的眉型，讓自己擁有多變的表情呢？約會時希望表現溫柔浪漫的女人味時，可畫個有彎度的眉毛；年輕人一同逛街、郊遊時，不妨以直線型的眉毛，展現年輕氣息和時髦感；在重要會議發表專案演說，別忘了有角度的眉毛能顯出妳智慧成熟的個性。

◆美麗佳人 No-No BOX◆

◎拔眉毛不是剃眉毛

要使眉毛看起來自然，與畫眉功夫的好壞有關；能不能畫出漂亮眉型，則要看妳原本的自然眉型如何了。如果妳的眉毛較長或雜亂不齊時，想要畫出完美眉型，恐怕有些困難，這時妳就需要修整眉毛了。

眉毛的修整不是用剃刀剃，而是用眉夾一根根地拔去。拔眉毛時要順著眉毛的生長方向，才不會傷害毛孔，而且一根根細細的拔，方能修整出自然優雅的眉型，避免因手法生澀，而剃出左右不相稱眉型的窘狀出現。

眼線自然的畫法

高明的化妝手法能讓臉上的彩妝自然柔和，不會讓人看出刻意修飾的痕跡，這當然需要時間練習，所以妳不必心急，美麗不是在一夜之間降臨，只要有耐心，妳也可以練就純熟的化妝技巧。

一雙靈動的大眼睛，經常在眼波流轉間顧盼生姿，未說一語已洩露無限情意。妳知道妳也可以讓自己的雙眼大而勾魂嗎？畫眼線就是使妳雙眼更加柔媚動人的訣竅。

首先用灰色的眼線筆，由上眼瞼的眼尾，沿著睫毛處，朝內側畫一條細線（圖一～一）；下眼瞼也是由眼尾朝眼端畫一條三分之一長的細線（圖一～二）。接著用乾淨的小號筆暈淡眼線，筆的移動方向要與畫眼線的方向相反，由眼端朝

眼尾移動（圖一～三）。下眼線也以同樣方式處理，如此眼線就能自然明亮（圖一～四）。

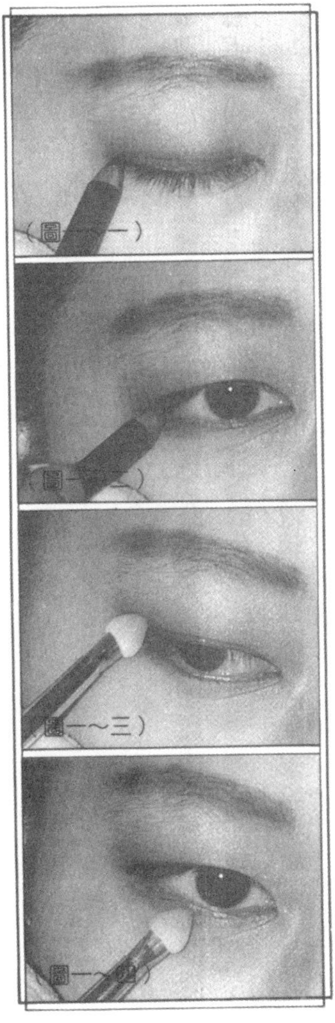

畫上眼線時，將鏡子放低來畫；畫下眼線時，將鏡子抬高來畫，這樣會使眼線畫得容易些。另外，當妳在畫眼線時，最忌諱的就是手的振動，最好是在拿眼線筆時，以手指抵住臉頰，一線畫到底。如果眼線畫得不理想，可以用棉花棒將失敗的眼線擦拭，塗上化妝水後再重新畫。

畫眼線時有兩種選擇，一是眼線筆，另一是眼線液。初學者應選用筆心柔軟，不會暈開的眼線筆，在畫眼線之前，把筆心靠近打火機略烤一下，既容易描又能持久。用慣眼線筆後即可朝眼線液挑戰。液狀的眼線筆能使眼線更清晰，維持的時間比較久，但是使用上困難些，需要常練習才能拿捏眼線之粗細。

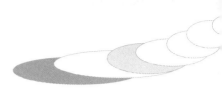

◆美麗佳人小祕方◆

◎使單眼皮看起來更美的方法

擁有一雙丹鳳眼的人越來越少了，即使是東方人，大家都期待自己有雙明亮的大眼睛，如果妳是單眼皮、內雙眼皮者，不要再妄自菲薄，

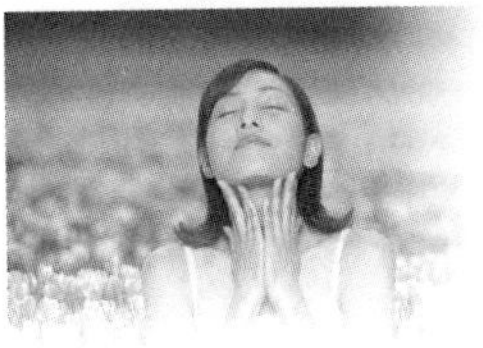

應該驕傲的展現自己的特色，讓人知道妳是個多麼與眾不同的古典美人。

雖然妳的眼睛不大，但是妳可利用眼線的描繪效果，使單眼皮看起來更漂亮。單眼皮的描繪，可以用眼線筆自眼角開始，畫出細細的眼線，並將眼尾部分畫長，不要交叉在一起。

其實東方人的臉型比較適合細長的丹鳳眼，如果刻意將眼睛畫得又圓又大，會顯得非常不自然，還不如將單眼皮視為自己的特色；將屬於妳的獨特魅力展現出來，自信也是一種美，不是嗎？

睫毛膏的使用技巧

濃長的睫毛是眼睛迷人的武器，爲此，許多人在化妝時經常使用睫毛膏，刷上藍色、黑色，使眼睛更加美麗迷人。

然而，想刷出又長、又捲、又翹的濃密睫毛可眞不容易。首先，用睫毛夾，由眉根分三階段夾捲睫毛，但不要太用力而夾斷睫毛。其次是沾取適量的睫毛膏，眼睛朝下看，先刷睫毛的上側（圖一）。再以向上抬的方式，由下向上捲，將上睫毛的下側部分刷匀（圖二）。最後，使用睫毛梳將睫毛梳開，防止睫毛膏結成塊沾黏在睫毛上（圖三）。再將睫毛刷直拿，左右來回刷下睫毛（圖四）。

上睫毛塗睫毛膏時，要記得由下往上，將睫毛朝上刷；塗下睫毛時，睫毛刷直立，刷好睫毛膏之後不要忘了再用睫毛梳修整。

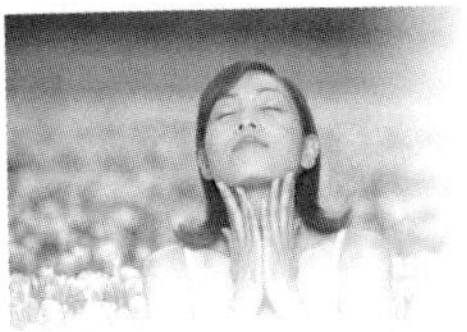

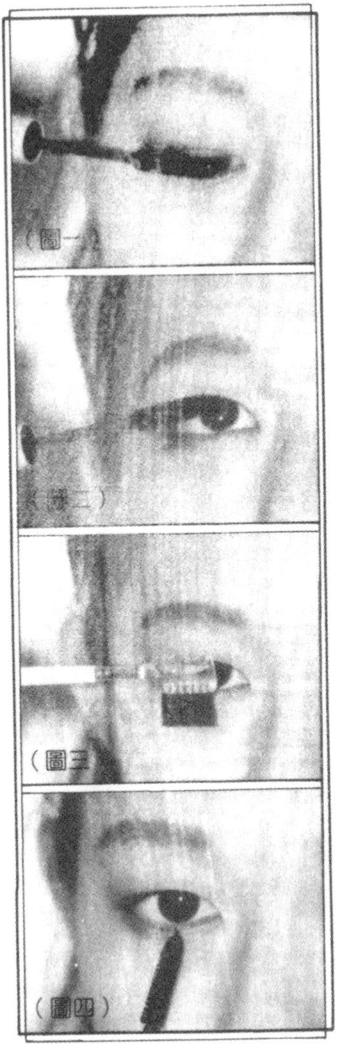

年輕時髦的女性選擇睫毛膏的顏色時，不必拘泥於黑色或咖啡色，妳可以大膽嘗試流行的藍色、紫色、綠色甚至紅色；或者也可以同時使用兩種顏色：上藍下綠、上紫下藍；或在睫毛尖刷上金色、銀色的流行色彩。

如果妳的睫毛較稀疏，或是不想太搶眼、太招搖，可以先刷上一層黑色、咖啡色的睫毛膏，然後再將睫毛刷直立，在睫毛尖端輕點上鮮豔的流行色彩，這種若有似無的效果，會讓妳在眼波流轉間，倍加美麗喔！

◆美麗佳人小祕方◆

◎睫毛的保養

由於經常使用睫毛膏、顏料和卸妝液，使睫毛的負擔不小，再加上使用睫毛夾時太過用力，睫毛就會脆弱易斷，所以睫毛也需小心翼翼的予以保養。

許多眼部卸妝液中都含有溫和柔軟的修護成分，可以強化睫毛，使其不易脱落斷裂。有的睫毛膏還含有維他命及特殊的油脂、保養成分，

能滋潤睫毛，促進生長速度。而透明睫毛膏中的膠原成分，也有保護作用。另有水溶性配方的睫毛膏，不需特別卸妝。這些都是提供妳保養睫毛的不同選擇；如果想使睫毛映襯出水汪汪的眼睛，保養睫毛之道可不能輕忽喔！

邂逅紅唇

緊抿的嘴角看起來倔強而剛毅；微揚的嘴唇溫婉含蓄；櫻桃小嘴俏皮又可愛；性感豐唇美豔成熟，不同唇型代表著不同個性。

想要讓唇部的化妝完美出色，需配合本身的唇形，用唇筆描出輪廓，強調唇山的線條。並先塗上護唇膏，不僅能保護嘴唇，也能使口紅更具光澤。接著沿唇形塗上口紅，注意不要超出唇形外（圖一～一）。塗上之後，上下唇稍抿一下，使口紅均勻散布（圖一～二）。最後再以唇筆細細描繪唇角及唇山，使嘴唇輪廓清楚（圖一～三）。若嘴唇太過油膩，可用化妝紙輕壓一下，吸去多餘油分（圖一～四）。

選擇口紅的顏色，是以膚色爲考慮因素，並配合服裝的顏色，營造出整體的

協調感，這也是口紅成為臉部化妝最後一個步驟的原因。

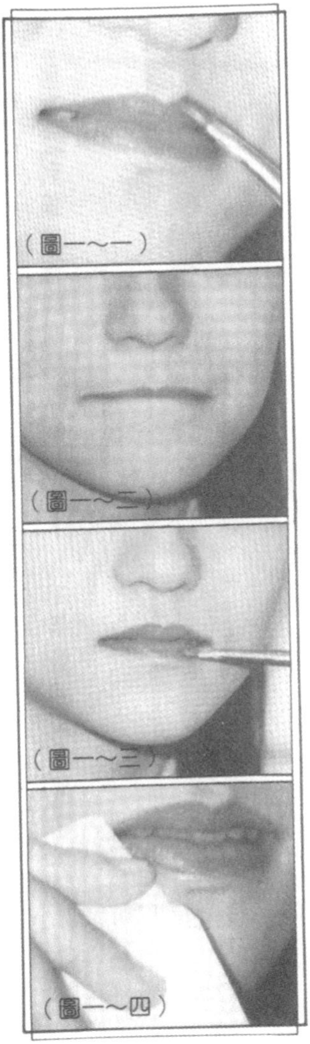
（圖一～一）（圖一～二）（圖一～三）（圖一～四）

嘴唇的形狀大小、厚薄各不相同，在修整時以自然唇型為主，即使需要修飾時，也要配合臉型。圓潤的臉、圓弧的彎眉、圓圓的眼睛，可選用粉紅色的唇膏，烘托出俏麗溫和感。另外膚色白皙細緻的人，可藉淡色口紅襯托出肌膚的透明感。

嘴唇稍大的人，可先塗上一層唇膏底色，再描繪出嘴唇輪廓，不要刻意將嘴唇畫小，以免看起來不自然。

自然唇形爲上唇較小、下唇較厚、輪廓分明者。只要熟練唇筆並清楚描出唇線，就不會再出現散漫的唇了。

◆美麗佳人小祕方◆

◎善用唇線筆，口紅更持久

對於唇型很模糊的人來說，直接以口紅往唇上擦，實在不是明智之舉，因為往往會讓唇形更模糊，甚至出現血盆大口。

想使唇型清楚、線條柔和的祕訣，就是善用唇筆。選一支與口紅顏色同色系唇筆，描出唇型後，再將口紅塗滿，如此即可輕鬆達到讓唇型鮮明、口紅持久，且不易暈開的效果了。

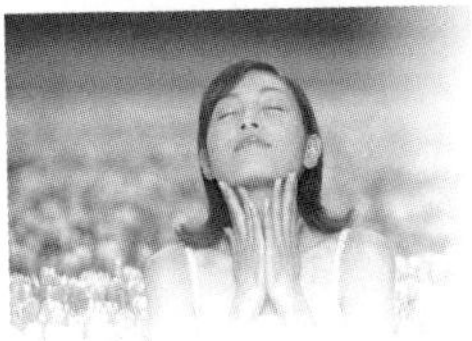

鼻梁的修飾

鼻梁在五官中是最立體的，在化妝時主要是強調「高挺」，但不要爲了使鼻梁看起來更高，而將鼻影塗得太濃，這樣反而會出現反效果。

修飾鼻梁時，只要在鼻梁兩側塗上較深色的粉底，鼻梁中間塗上淺色的明亮粉底，使塌鼻子、短鼻子、大鼻子、小鼻子在鼻影的修飾後，看起來高挺立體。舉例而言：

(一)圓型鼻子

圓型鼻子在修飾時，先從眉毛前端的位置開始，到鼻子中央部分及鼻翼兩側畫上鼻影。鼻梁到鼻尖塗上明亮色系，可使鼻子看起來很有精神。

㈡塌鼻子

鼻子扁塌的人別沮喪，鼻影的修飾可以輕鬆改變鼻型。首先從眉毛前端處開始到鼻尖的地方畫上鼻影，最好將眉毛前端與眼睛間的幅度加大，至於鼻影的色系則以明亮色系爲佳。

㈢短鼻子

短鼻子的鼻根較低陷，可先從眉端前二～三公分處開始到鼻尖處畫上鼻影，並在眉毛前端和眼睛前端塗上明亮的鼻影。若想增強效果，也可以從額頭中央就開始塗上明亮的顏色，產生視覺上的效果。

㈣大鼻子與鷹勾鼻

大鼻子要使整個臉型看起來協調又柔和，應該選擇深色系的鼻影，自鼻根處往鼻尖處塗，越往下越濃。而鷹勾鼻則不要太強調鼻影，最好將鼻影畫淡，這樣會使臉型看起來柔和些。

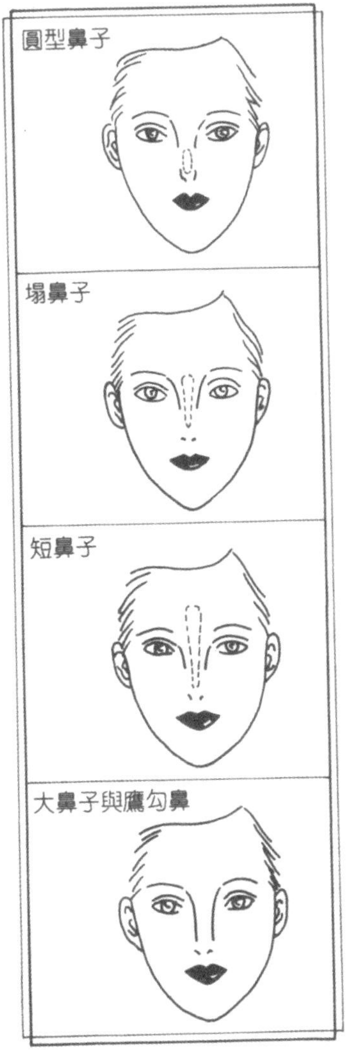

◆美麗佳人小祕方◆

◎改善眼部的化妝技巧

眉眼之間的距離，人人不同，為了使眼睛看起來更明亮嫵媚，可以藉由化妝技巧來改善缺點。

1.兩眼距離太大時，可以在眼瞼上接近眼角處及眉骨的前半部，塗上較深色的眼影，後半部則以淺色眼影處理。

2.兩眼距離太近時，只要在眼瞼外角抹上深色眼影，並朝眉毛方向刷去即可。

3. 雙眼凸出的人，可以在眼瞼塗上深色眼影，並畫上眼線。
4. 雙眼凹陷時，在眼瞼內角處往眉骨上，輕輕抹上淡淡的眼影即可。

戴眼鏡化妝要訣

戴眼鏡的人越來越多了，雖然有許多愛美的女性選擇隱形眼鏡，然而眼科醫師卻建議，隱形眼鏡還是少戴爲妙，以免傷害到脆弱的眼球。既然隱形眼鏡有其潛在的危險性，在決定配戴眼鏡時，該如何化妝呢？

以近視眼來說，眼睛在鏡片後看起來會較小；而遠視眼的人，眼睛在鏡片後看起來較大；針對這種現象，在選擇彩妝色系時，就要留意近視、遠視的效果，及鏡框式樣、顏色的搭配。蛋形臉的人幾乎適合每一種鏡框；方型臉則適合寬的圓形鏡框；而圓型臉要選擇有角度或方型的鏡框。另外鏡框的材質也是重要的一環，要細心選擇不會引起過敏的合成纖維鏡框，或鈦金屬、玳瑁框。

除了鏡框的選擇外，化妝時要特別注意，盡量避免濃妝豔抹，因爲濃妝後，

再加上眼鏡框及鏡片對光的閃亮反射，反而會破壞化妝效果，還不如以自然淡妝爲主。由於近視鏡片有放大的作用，所以畫眼線、上眼影將很容易顯出大眼睛的效果，這一優點要好好利用。

另外，戴眼鏡的人最好避免擦上腮紅。因爲腮紅的效果必須全部外露才好看，如果被眼鏡遮去一部分，效果反而不好。而且，因爲戴眼鏡使得整張臉的焦點落在眼部，爲了達到平衡，唇型的輪廓必須清楚明顯。先以唇筆描出唇型，再塗滿口紅，發揮優美的效果。在戴眼鏡時，最好把握一個原則——眼鏡的上框需在眉下，讓修整優雅的眉形能全部露出。

雖然戴眼鏡不會影響髮型，但是如果妳在前額蓄有瀏海，就要特別修剪整齊，使瀏海看起來整齊俏麗，最忌瀏海凌亂而遮住眼鏡，看起來散漫又沒精神。

戴眼鏡總給人氣質優雅的印象，只要稍稍留意化妝技巧，就能讓人印象深刻，器宇非凡，不一定只有戴隱形眼鏡才是美麗的惟一選擇。如果妳的視力不佳，別再排斥眼鏡了，不如用心做個有智慧的氣質美人吧！

◆美麗佳人小祕方◆

◎最高明的化妝術

化妝的目的有三：一是突顯自己的優點，展現天賦的魅力；二是掩飾臉上的缺點，使之達到協調；三則是經由化妝技巧，修飾出更完美的妝容，讓自己更有自信。

但是許多人化妝多年，仍不明瞭自己的優缺點，只知一味追求時髦流行，崇尚名牌昂貴的化妝品，這樣縱使化妝技巧再高明，終究還是失

敗的妝容。最高明的化妝手法，是深具「自知之明」，且確實掌握個人的優缺點。在自然化妝的原則下，讓化完妝後的成果最接近真實自我，也就是說，看似「不飾雕琢」的化妝技巧，才是最高明的化妝術。

避免使妝容如戴面具般僵硬，妳要做的只是找出自己的特色，並充分發揮，生動活潑、容光煥發的展露妳的自信吧！

掩臉部缺陷的方法

自然就是美嗎？那可不一定！例如：雀斑雖然可愛，但長大以後，過了可愛的年紀，這些可愛的雀斑可就有點討厭了；青春期的青春痘不可避免，但若留下疤痕，可就破壞臉上的乾淨光潔了；熬夜留下的黑眼圈，讓妳上妝不易，臉色憔悴……。如果任由這些小瑕疵留在臉上，這樣會美嗎？

臉上長痘痘時，最好不要化妝，讓肌膚好好休息。但是，若遇到必要的場合非得化妝時，建議妳選用面皰專用的粉底。如果能在上粉底之前先以遮瑕膏遮蓋痘痘的痕跡，那麼效果將會更好。由於會長痘痘的肌膚容易出油，所以在粉底之後別忘了撲上蜜粉。另外，長著痘痘的化妝技巧還包括：強調眼部和唇部的化妝。選擇顏色鮮豔的口紅，仔細強調唇部，再細細地描繪眼線，突顯明亮的雙眼，使

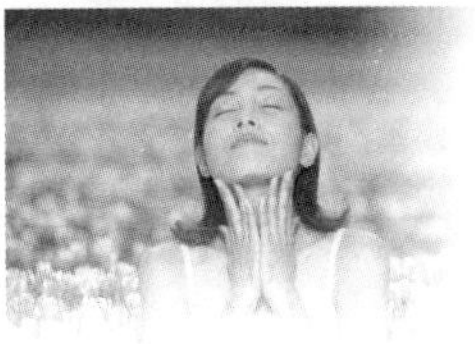

化妝呈現著明朗的感覺，痘痘自然就不會太顯眼了。

雀斑的修飾和痘痘相似，都是以遮瑕膏來處理。妳可以選擇比膚色稍亮的遮瑕膏，以小筆刷沾取適量，輕點在雀斑上，而且要耐心地一一點在雀斑上，不要整片塗，那樣會使粉底不易均勻。蓋住雀斑之後再上粉底，就可以輕鬆藏住小雀斑了。

充足的睡眠對美麗肌膚而言，是非常重要的，所以許多人都堅持十一點前就寢，睡個美容覺。但是在不得已要開夜車加班時，妳是否已有充分準備，對付隔天早晨的黑眼圈？熬夜雖然辛苦，但也毋需因此而做個無精打彩、眼神憔悴、毫無生氣的熊貓，只要沾取明亮色系的遮瑕膏（也可以用粉底霜代替），輕輕在眼睛下方點上三、四點，再以無名指輕拍均勻，就能遮蓋黑眼圈了。如果遮瑕膏剛好用完，這時還有另一個替代品——白色眼影。將白色眼影輕刷在眼睛四周，同樣能掩飾黑眼圈的憔悴感。

對一個聰明的美麗佳人而言，臉上的小小瑕疵是難不倒妳的，因爲聰明的妳懂得善用各種化妝用品，不是嗎？

◆美麗佳人小祕方◆

◎日光燈下的化妝技巧

經常化妝的人一定知道，晚上的妝比白天的妝濃，但妳知道為什麼嗎？

這是因為晚上的燈光吞噬掉許多顏色，而且還會使肌膚上的瑕疵非常明顯。所以晚上可選擇覆蓋力較強的粉底，搭配粉紅色系的口紅及橘

色系的口紅，這類比肌膚更明朗的色系，會讓肌膚看起來明朗而有光澤，不會再因日光燈的照射而醜態百出了。

蜜粉、粉餅、修容餅

化妝用的粉有三種：蜜粉、粉餅、修容餅。三種粉的使用方式各不相同，只要了解這三種粉的差異，就能善加利用。

蜜粉能營造出透明質感，也具有定妝的效果，在基礎妝中，蜜粉具有不可忽略的重要性。由於我們經常以顏色來調整膚色，所以應選擇粉質柔細，能表現透明質感的蜜粉。一般人最常使用淺膚色、象牙色及深膚色三種。至於含有珍珠、貝殼成分的亮粉有擴張、反光的作用，並不適合一般的化妝。

粉餅是將蜜粉壓縮在粉盒中，攜帶方便，適合外出時補妝用。在使用時，可先以吸油面紙吸去臉上的油分及汗水，使肌膚表面不油膩後，再抹上粉餅，可防止粉餅過厚或不均勻的問題。

粉盒內都會有一片透明膠片，這是用來隔離粉撲與粉餅，避免粉撲使用後沾附的分泌物沾染在粉餅上而變質，所以千萬不可丟棄。

所有的化妝步驟都以修容餅做結束。修容餅能在最後檢查臉上彩妝時修飾臉型，去除粉底霜或各部位化妝所造成的失調感。修容餅的顏色很多，由白色、淺藍色、青綠色、淺紫色到咖啡色都有。淺色修容餅適用在額頭、鼻子及下巴，可營造立體感；深色修容餅則用於修飾過寬的臉頰及線條不明顯的部位。

重點化妝前，若要以修容餅造成蜜粉效果，可將蜜粉與修容餅調和使用。先以修容刷沾取蜜粉後，再沾些修容餅，二者相互調和能呈現柔和的色調，使修容餅易附著在肌膚上，色彩也較自然。

三種不同的粉適合於不同場合，但卻都是能使妳擁有明朗、柔和的自然妝容。認清不同功能，選擇適合的粉，能使膚質柔細，反之，有可能出現戴面具般的感覺。

◎上蜜粉的小絕招

蜜粉的功能是定妝，使粉底不易脫妝，而且還能呈現柔嫩細膩的膚質；同時蜜粉還具有調整膚色、遮掩瑕疵的作用。然而密粉上太厚時，會有厚重而僵硬的感覺，非常不自然，所以在上蜜粉時，應讓蜜粉上得薄些，看來會更自然。

穿著低胸或露肩衣服時，別忘了在裸露的頸部、肩部撲上蜜粉，讓整體的感覺一致。若偷懶只上臉部蜜粉，那麼臉頸間色澤的差異，會讓妳看起來好像戴面具般不自然，這點不可不注意！

纖葱玉指：手的保養

手因爲經常外露，加上日常操作時，暴露在水中、各種清潔劑中的比例極高，但卻不如臉部保養般受到重視，其實手的保養很重要。想想，當妳和心儀的白馬王子共餐，正要舉杯輕啜時，赫然發現自己有雙提早老化、乾燥、粗糙又有斑痕的手，這時可糗了，一頓浪漫的燭光晚餐，毀在粗糙老化的手裏，即使臉部保養得宜，恐怕也難掩蓋這美中不足的遺憾。

別讓這種遺憾出現在妳身上，現在就開始進入手的保養程序。手肘，是最粗糙的部位，所以沐浴後，可以用深層清潔霜來幫助去除老化角質，並擦上滋養乳液，滋潤手部肌膚。手背是最容易老化的身體部分之一，除了做家事時清潔劑的傷害之外，最主要的原因其實是日光曝曬。想想看，開車時、晾曬衣服時，雙手是不是都曝露在烈日下？所以平日操持家務時，別忘了也要呵護自己的雙手，戴手套就是方便的保護措施。

另外，還可以藉著手部按摩、定期修剪指甲，甚至養成擦護手霜的習慣來呵護雙手。外出時，別忘了要擦SPF15的防曬油，隔離紫外線的傷害。如果妳擔心手上會出現可怕的老人斑，那麼妳不妨試試漂白膏。

完美的玉手是無瑕、潤澤且沒有皺紋的，在觸摸時光滑細嫩，令人難忘。爲了達到這個標準，仔細清潔、去角質、擦潤膚霜都是必要的工作，甚至手部按摩對於促進新陳代謝，也有極佳效果。

手部按摩很簡單，只要四個步驟，就能擁有絕佳效果。

第一步驟：拇指指腹在手指內、外側，由下而上，再由上而下反覆按摩五次。接著再以螺旋式按摩，這次要由指尖向下做五次，這樣能使手部肌肉放鬆。

第二步驟：在指頭兩側加壓，由指尖向下做五次，再朝反方向做五次，可消

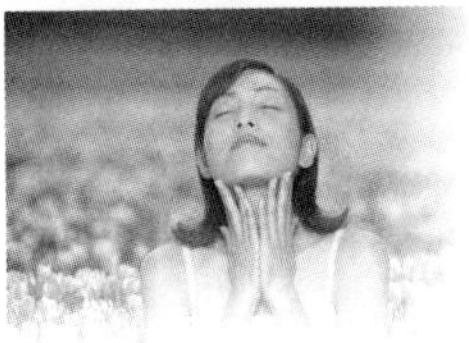

除疲勞。

第三步驟：在拇指旁到小指旁，做半圓形按指間，再做手指與手的上方的螺旋式按摩。

第四步驟：在手指根部加壓，除了按摩手部外，還能消除眼部疲勞。

最後，合併雙手慢慢地做伸展的動作，可反覆數次。

手部是身體的末梢，容易有血液循環不良的情況出現，按摩可以促進血液循環，加速新陳代謝，更重要的是隨時可以進行，不受時空限制，如果妳能配合潤膚霜使用，效果更好。一雙完美柔嫩的雙手，絕對是「指」日可待。

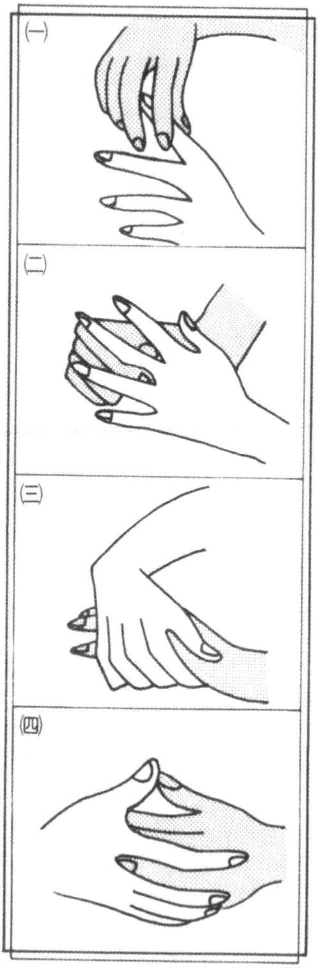

纖蔥玉指按摩法

◆美麗佳人小祕方◆

◎富貴手一點兒也不「富貴」

妳有富貴手嗎？那麼妳一定同意「富貴手不富貴」這句話，有富貴手簡直是苦命哪！平常也還好，不過是指尖粗糙，終年乾燥，汗的分泌功能漸失，指紋不見，喪失彈性，偶爾還會龜裂。但是一到冬天，才是真正的災難啊！不僅龜裂加劇；甚至還會流血，而且還波及手掌，什麼事也不能做，這樣日復一日、年復一年，怎是一個「苦」字了得！

造成富貴手的原因不一，有人說是內分泌失調；有人認為是皮膚對鹼性的中和能力降低；還有人主張這是過敏性體質的緣故。然而許多家庭主婦卻是在婚後不斷操持家務，長年與洗碗精、洗衣粉接觸後引起的。這些化學成分高的清潔劑，會傷害細嫩的肌膚，所以平日要養成擦護手霜的習慣，讓護手霜中的維他命A、維他命E滋養雙手，並以手部按摩促進血液循環，預防富貴手的發生。如果已經有富貴手，要盡量避免從事會使症狀惡化的工作，並用治療性軟膏塗擦。當然，有位體貼的老公，幫忙分擔家務，那是再好不過的了。

指甲保養不可忽略

「畫龍點睛」這四字，用在臉部化妝上，是指完美的眼部彩妝；若用在手部保養，一定是指健康、漂亮的指甲了。

妳可能沒注意到，完整的修指工具和保養產品越來越精細齊全，比起臉部保養的工具或產品絲毫不遜色，想讓健康的指甲具有畫龍點睛的效果，也就更容易了。

指甲的生長週期因個人體質或不同季節而有差異，一般約爲七～十天，所以可在每週定期做一次重點護理。

護理時要同時配合手部保養，在手臂、指甲清潔、去角質後，修整老化死皮，並按摩雙手，促進手臂、手指、甲床血液循環，改善手指冰冷、甲面剝離、

毛細現象的困擾。

別小看小小指甲，在保養程序上可一點也不能馬虎，必須做好以下十點，才能讓纖纖十指達到十全十美的境界。

一、拭去舊甲彩：用化妝棉沾取適量去光水，拭去指甲上殘留的舊甲彩。

二、修銼甲形：用指甲銼片修銼甲形，使用時呈四十五度角，比較容易磨平，對指甲也不會造成負擔。

三、按摩甲皮：先用甲皮去角質凝膠按摩三分鐘，再將指甲浸泡在溫水中三分鐘。

四、清理甲皮：指甲周圍及甲尖內塗上硬皮軟化乳，然後用棉花棒，輕輕以螺旋狀動作將甲皮往後推，剝除老化的甲皮，並用護指鉗將參差不齊的甲皮修平，再以香皂或溫水擦洗指甲。

五、清潔甲面：再次用去光水輕拭甲面，將殘留的污漬清除。

六、塗上護甲底油：先從甲面中央刷下第一筆，再從甲根半月處開始仔細塗上護甲底霜。對於脆弱指甲而言，具有防止指甲油造成色素沉澱的保護作用。

七、塗上甲彩：選擇適合的顏色，薄薄地塗上二～三層。

八、塗上護甲油：甲彩與甲尖內面塗上護甲油，防止指甲斷裂或甲面刮痕，保持甲彩光澤持久。

九、噴上快乾液：指甲油未乾時，如果需要工作或會動到手指，可噴上指甲專用快乾液。

十、滋潤手部：常使用護手霜，滋潤雙手。

修飾整齊的指甲，可以讓妳的雙手看起來更修長，不同的甲形也可看出不同個性：方形指甲很有個性；呈現中性俐落感；橢圓形指甲親切、自然，無拘無束的自在感；尖形指甲最能表現女性柔美、嫵媚的風情，是女人味的充分表現。妳的甲形是屬於哪一種？選擇一個適合自己個性的甲形吧！

◆美麗佳人小祕方◆

◎指甲斷裂的快速補救法

當妳買了瓶最具流行色彩的指甲油，回家後迫不及待的擦上，果真美呆了，連心情都不一樣了。誰知一個不小心將漂亮指甲碰斷了，這時該怎麼辦？

粗心小美女，別只顧心疼，快採取補救行動吧！

1. **假指甲補救法：**選擇與指甲形狀相同的假指甲代替。將假指甲黏上，等膠水乾透，假指甲牢固後，再用銼片修飾邊緣。

2. **碎布補救法：**絲、麻、棉等透明布料，也是應急的指甲替代品。

首先將碎布正反兩面塗上膠水，貼在指甲崩缺的地方，邊緣摺入指甲尖，待乾硬後用銼片修飾出指甲形狀，最後塗上指甲油即可。

美腿佳人

夏天到了，短褲、迷你裙又開始流行，還有各式各樣新款泳衣不停向妳招手。唉！看看自己這雙不爭氣的「小肥腿」，怎能自暴其短的丟人現眼呢?!還是選擇躲在家裏「夏眠」好了。

如果妳果眞待在家裏看書消暑修養身心也就罷了，但若妳心裏還在嘀咕，不停掙扎，勸妳還是停止怨天尤人吧！樂觀、積極的美麗小佳人是從不抱怨的，因爲她知道勤能補拙，不管是小肥腿還是鳥仔腳，請注意囉！現在開始鍛鍊，妳的美腿將成爲別人眼中的驚歎號！

妳是小腿太粗還是大腿太胖？先找出破壞美腿修長線條的原因，再對症下藥，效果將會大爲提高。

㈠小腿苗條運動

①利用幾本厚書疊成二十公分高的小台，然後兩腿跨站在書本中間，兩手平舉。預備動作做好之後，兩腳齊跳在書上，屈膝站立，兩手交叉，再從書上跳下，恢復原來的位置。這樣先做兩個八拍，習慣後再慢慢加到四個八拍、八個八拍。

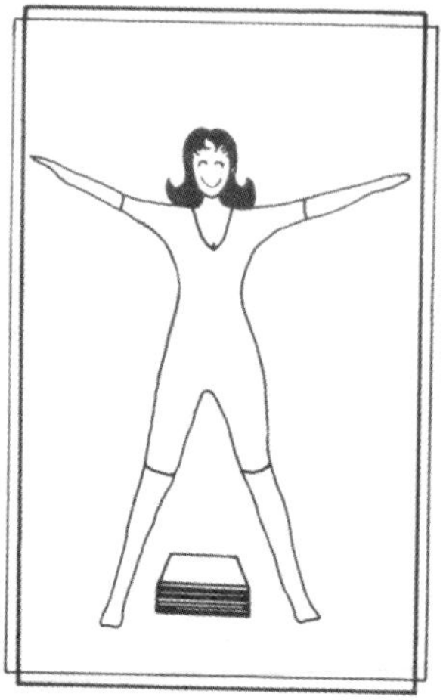

②兩手插腰，一腳踏在書上，直立。將重心移到前腳，伸展後膝，然後抬起腳後跟。再慢慢放下腳後跟，回到原來位置。這樣多做幾個八拍。

③兩手抱頭，一腳踏在書上，兩腳的後跟同時抬起，再交換腳，共做八個八拍。

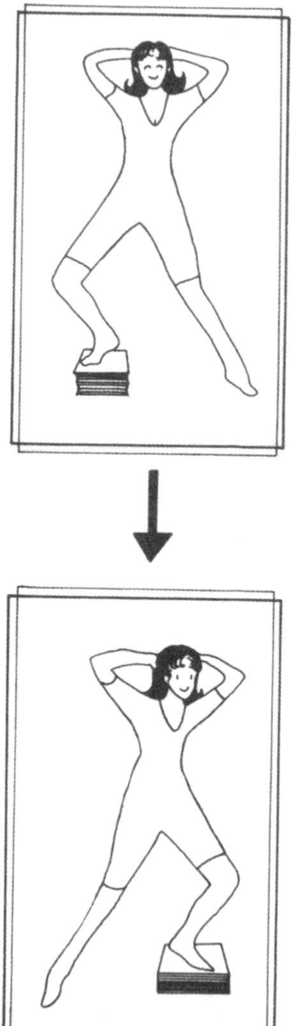

注意：書本要固定好，不然滑掉了可會四腳朝天喔！如果妳有跳韻律舞時使用的踏板，那就再好也不過了；不然變通一下，階梯也可以勉強用。

(二)大腿結實運動

①準備一張比腰稍低的椅子，兩手插腰，一腳放在椅上，將重心放在另一

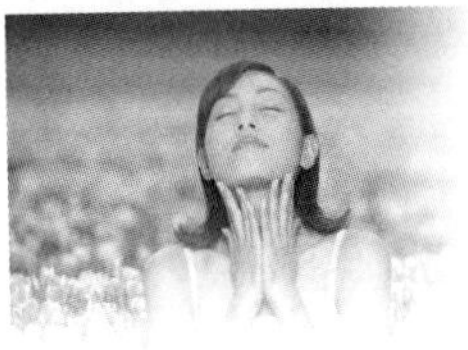

腳。曲膝、壓腿、伸直、再曲膝。反覆做兩個八拍後換腳，共四個八拍。

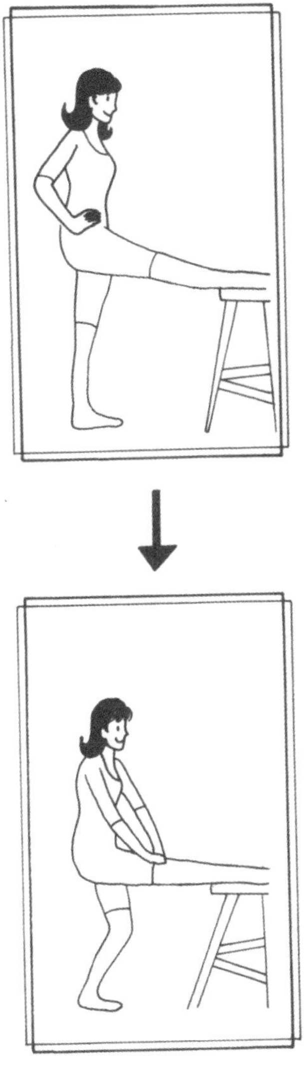

②背向椅背站立，兩手向後放在椅背上，兩腿與肩同寬。慢慢曲膝蹲下。大腿與膝成水平直線後再站起。蹲下吐氣，站起吸氣，共四個八拍。

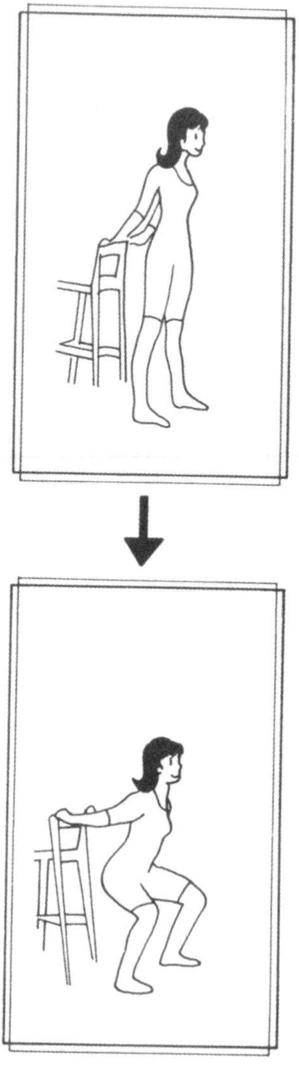

注意：這兩個動作不宜太急，需慢慢地配合吸氣、吐氣來做。如果臨時找不到合適的椅子，樓梯扶手也是很好的代替品。

想擁有一雙修長的腿，不是三、兩天就能做到的，如果妳能持之以恆，繼續鍛鍊，保證兩個月後即能見效。

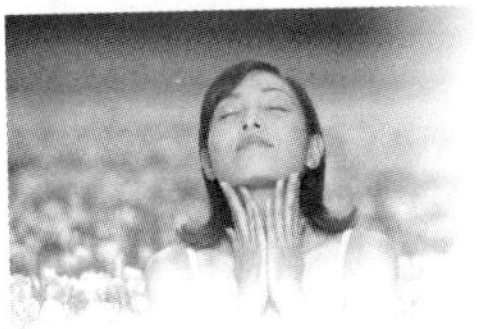

◆美麗佳人小祕方◆

◎消除腳部浮腫的按摩

如果妳的工作必須全天候站立，或是不小心被老師罰站，那麼妳就必須知道消除腳部浮腫的按摩法。

1.用冷濕毛巾按摩，兩手各持毛巾的一端，上下來回擦動。

2.蓮蓬頭的水壓增高，以冷水噴腳。

3.用長柄刷來回刷腳。

疲累時，泡個澡，做做腳部按摩，促進血液循環，不僅可以消除疲勞，還能消除浮腫。

雕琢完美的胸部

「38、24、38」是一組令人敏感的數字，但它可不是樂透彩、六合彩的明牌；而是一組令所有女人銘記在心，又讓所有男人眼睛爲之一亮的數字，答案已經呼之欲出了。沒錯！就是標準三圍。

即使在打破既有傳統的後現代主義下，標準三圍仍是女人的憧憬，男人的嚮往，因爲在追求美的過程中，玲瓏曲線永不遭淘汰。然而在女性意識覺醒後，符合個人身材比例，已經漸漸深植人心，標準三圍不再只有一個「38、24、38」，而是指符合個人身材比例標準的三圍，過大與不及都不符合美的標準。

不過，撇開美的標準不說，堅挺有形的胸部，的確能使身材更曼妙、婀娜，具有極佳的視覺效果。可是多數人都對自己的胸部有微詞，「嬌小」的人羨慕「偉

大」者，「偉大」的人羨慕「嬌小」者，有人不甘心做「荷包蛋」、「小籠包」、「飛機場」；也有人不願成爲「木瓜」、「乳牛」、「哺乳動物」；甚至還有人在「堅挺」與「下墜」間進行拉鋸戰，誰輸誰贏尚未分曉。正因爲女性對胸部有難解的情結，「調整型」內衣、眞空吸引器、矽膠隆乳……，一一因應而生。只是在衆多誘人廣告詞中，妳是否該冷靜思考一下，這些花招眞有效嗎？

其實胸部大小是由荷爾蒙決定，甚至與遺傳無關。藉助外力增大，不僅不切實際，似乎也有揠苗助長之嫌，弄不好還會因小失大，失去最寶貴的健康。如果眞的對自己的身材不滿意，建議妳不妨試試無傷害性、無副作用的方法——按摩。每天使用胸部緊膚霜，配合按摩，由下往上，由外往內的動作，可增加胸部彈性與堅挺。同時利用淋浴時，以熱—冷—熱—冷的冷熱水交替法，沖洗胸部，也會使胸部肌肉更結實而具彈性。

有智慧的美麗佳人，不必在意「胸大無腦」這句話，也不必以這句話來自我安慰，不管妳的三圍如何，接受自己，珍愛自己，才是現代女性應有的風範。

◆美麗佳人 No-No BOX◆

◎沐浴後別用冷水洗臉

上了一天班，下班後最大的享受就是洗個泡泡澡，不僅能充分享受洗澡的樂趣，還能消除一天的疲勞。

但是如果妳在洗完熱水澡之後，馬上用冷水洗臉，那就要小心了，因為細嫩的肌膚並不適合洗水溫太高的熱水浴，為避免灼紅皮膚，最好是以溫水沐浴。而且，也不能冷熱水同時使用，這樣會使微血管破裂，更易傷害皮膚。

青春且駐：皮膚保養之道

擁有嬰兒般的肌膚，的確教人羨慕，尤其是對過了二十五歲，皮膚變得容易乾燥、老化、出現皺紋的人來說。「擁有嬰兒般的膚觸」，似乎已是件遙不可及的夢想了。

要一個過了嬰兒期的女人相信自己能再度擁有嬰兒般細膩光滑的肌膚，眞是一件荒謬的事。因爲至多也只能保持光滑、有彈性、觸感柔軟、富血色、濕潤、沒有皺紋、鬆弛及乾燥現象的好皮膚。這很難嗎？其實不會，但需盡早保養。

想要擁有細膩光滑的皮膚有一原則：使新陳代謝活潑，讓皮膚保持正常呼吸狀態。平時化妝時，化妝品一層層的將皮膚遮蓋，巧妙地掩飾住臉上的小瑕疵，讓妳擁有無懈可擊的容顏。但，美則美矣，卻妨礙了皮膚的呼吸。同時化妝品與油垢、汗垢或灰塵混合，容易堵塞毛細孔，使皮膚呼吸困難的情況加重。而且皮膚中的水分也會因長期化妝導致水分不足，因而顯得乾燥。即使擦上補充水分、油分的化妝水或面霜，效果仍有限。其實化妝還是有一定的好處，它能使紫外線散亂，保護皮膚不受陽光侵害，只要妳不經常濃妝艷抹即可。

其實呼吸正常、新陳代謝旺盛活潑的皮膚，再生能力也強，稍稍曬一下太陽，很快就能恢復原來的青春美麗。只是皮膚再生能力會隨年歲增長而衰退，即使藉著濃妝掩飾也只會收到反效果，加速皮膚老化罷了。規律生活、正常作息、營養均衡，加上適度運動，皮膚自然呼吸正常，新陳代謝旺盛，汗水及皮脂分泌也會均衡，就算不化妝，也能擁有自然、光澤、富彈性的健康皮膚。

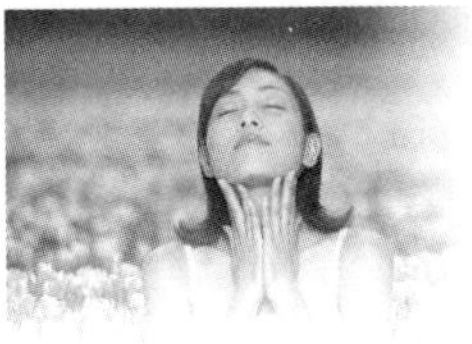

◎維他命A可改善皮膚保持柔嫩

常聽人說維他命A可以改善皮膚，使皮膚常保光滑。這句話一點兒也沒錯，但妳也不必因此大量服用維他命丸，因為服用過量維他命A（一天超過九百毫克），反而會令皮膚變成橙色、乾燥、粗澀，並且還會引起頭痛，影響視力。

根據專家建議，維他命最好是由均衡飲食中攝取，如：胡蘿蔔、肝臟及菠菜等，都是富含維他命A的食物。只要平時多注意均衡營養，不挑食、不偏食，通常都不需額外補充。

天然的維他命比較容易被身體吸收，只要每天攝取〇・一至〇・三毫克，就足夠身體的需要量了。

陽光與皮膚

適度的陽光對健康有好處，它能調節皮膚機能，使血液循環及新陳代謝旺盛，形成維他命D，又能增加鈣、鉀等作用。但是過度日曬可能會引起皮膚紅腫、發炎、起水泡。長期日曬，輕則使皮膚失去彈性，加速老化而產生皺紋，重則容易導致皮膚癌。尤其在臭氧層破洞，阻隔陽光紫外線的功能大失之後，無情的紫外線已經嚴重地攻擊著我們僅有的冑甲——皮膚了。

敷臉後，如果抹上含酒精成分或鹼性化妝水之後，盡量不要曬太陽；浸泡海水後、塗上甘油、檸檬皮、香料後，也應避免日曬；用的肥皂若含有鹵素或除臭劑也容易曬黑；同量的日曬時間，夏天的紫外線比冬天高。因此，在這些時候，都應盡量避免日曬，減少紫外線的傷害。

非不得已必須出門時，可輕拍收斂性化妝水來收斂毛細孔，並擦上隔離霜，隔離陽光中的紫外線。戴上太陽眼鏡濾光，並保護眼部四周易生皺紋的部位；使用防曬粉餅、化妝品；除了臉部以外，頸、手臂、腿等露在外面的地方別忘了塗上防曬油。最好別忘了戴上帽子或撐把洋傘，有這樣的保護措施，走進陽光下時，才能免遭紫外線無情的傷害。

即使是武士的冑甲，如不時時擦拭保養，時日久了也會生鏽而喪失保護作用，更何況是與我們切身相關的皮膚，怎能任由紫外線任意傷害而不保護呢？美麗佳人若想美麗一生，那就好好愛惜親密冑甲——皮膚吧！

◆美麗佳人小祕方◆

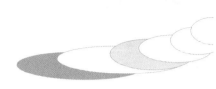

◎正確使用陽光

為了避免皮膚提早老化，產生皮膚癌以及免疫系統的疾病，而逃避陽光或躲到健身房，放棄與大自然接觸的機會，似乎是太過神經質了。假如妳能正確使用大自然賦予的陽光，就不用如此恐慌，因為適量的日曬對妳有意想不到的作用：

1. 十分鐘日曬可使血壓正常，對心臟和骨骼功能的加強很有幫助。
2. 定期日光浴可預防肺癌和腸癌。
3. 陽光對愛情是否有幫助？雖然沒有人研究過，但與戀人在夏日裏一同到郊外散心、海邊戲水，卻能增加親密，培養感情哦！

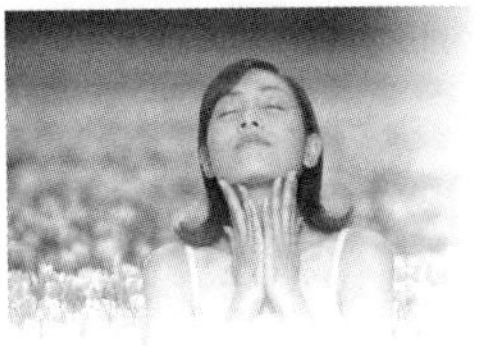

運動可保肌膚活力

肥胖會造成負擔，這是毋庸置疑的。它會對身體循環系統及個人健康造成威脅。保持苗條的身材，可常保年輕活力，因此，修長而有彈性的體態，早已成爲美好身材的典型。爲了身材窈窕，有人開始吃減肥餐，但是減肥餐有效嗎？

許多人在好不容易減肥成功後，很難再回復到正常生活，因爲那會使減肥成果很快地消失，肥胖再現。有不少女性一年可減肥三次，每次都可減掉十公斤，但幾個星期之後又回復原狀。這種惡性循環會使皮膚受到傷害。因爲一下膨脹，一下又緊縮回來，皮膚將漸漸失去彈性。若經常損耗的話，會導致皮膚中的膠原纖維僵硬。如此一來，皮膚無法貯存水分，便會過度乾燥了。

與其虐待自己的胃，吃一大堆難以下嚥的減肥食物，不如藉由運動來保持身材，讓身體保持活躍，或許能更快、更有效地達到理想體重。不管是游泳、跑步、騎單車、打網球，甚至上健身房都可以，重要的是必須身體力行，持之以恆。

運動可使肌肉結實、緊繃，並使皮膚光滑、健康，有彈性。妳可以先由喜愛的運動開始，配合妳的生活方式，增進樂趣，達到事半功倍的效果。早上是最適合做運動的時刻，只要早起半小時，游泳、散步、做做體操，甚至步行上班，都是有益身心的運動。假如妳平時沒有做運動的習慣，就要循序漸進慢慢來。報名參加一些運動課程，也不失爲好方法，而且還能得到專業指導員的個別指導。

運動可以消耗卡路里，是最佳的減肥方法。只要每天有足夠的運動量，擁有正常飲食、均衡營養，對身體健康有很大的裨益喔！

◆美麗佳人 No-No BOX◆

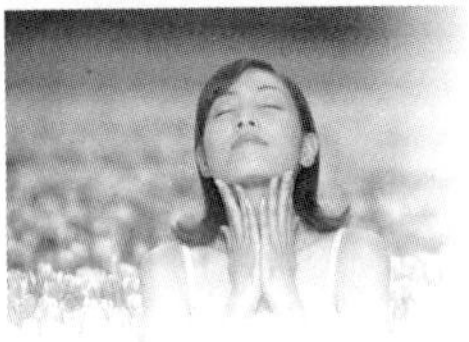

◎運動流汗後別馬上沖澡

運動後別馬上喝冰水，這條禁忌幾乎人人從小聽到大，現在還要告訴妳另一禁忌——不要馬上沖澡！因為大量運動流汗後，如馬上洗澡，很快就又會流汗了。所以最好先讓身體冷卻後再洗。

洗完澡後要小心地擦乾身體，因為細菌喜歡定居在溫暖又潮濕的地方，所以保持乾燥、撲上爽身粉、抹上嬰兒油，都能讓妳感到身心舒暢。

如果妳在陽光下做完運動，則應加上塗抹日曬後乳液的程序，如此一來，健康與美麗才可兼得。

健康睡眠的魔力

熬夜一晚，可能連續三天都精神不濟，睡眠對身體健康有十分重要的影響力。

人不是機器，不能一刻不停的工作而不休息。當妳一夜睡不好時，會妨礙我們的創作和思考能力；兩夜睡不好時，可能損害正常的工作能力。長久下去，不僅工作能力受影響，連身體健康都會出現危機。

睡眠能消除肌肉疲勞，幫助身體復原。因爲睡眠能抑制身體活躍時釋放出的分解荷爾蒙，增加合成荷爾蒙的分泌，促進細胞分裂和自療功能。身體若有外傷，充足的睡眠更能加速皮膚復原。

有關研究認爲，睡眠刺激身體釋放的合成荷爾蒙能積聚蛋白質，「動員」脂

肪酸，爲身體提供能量，增進骨骼健康，製造紅血球。

無論淺睡或酣睡，睡眠不足會達到相反效果，使智力表現、情緒反應都失常，引致情緒低落和精神不集中。然而究竟該睡幾個小時才夠呢？答案因人而異，有人堅持每天睡九小時，有人卻只需四小時。專家認爲，六小時的睡眠已能維持腦部健康。只要妳身體健康，沒有吃安眠藥的習慣，身體會因應個人需要而睡，即使輕微失眠也不必太擔心。

最怕是嚴重失眠或睡眠品質不佳，那麼即使妳花再多的時間休息，都無法擁有健康的睡眠。

減少或戒除咖啡因，是解決失眠的方法之一，但最根本的是找出導致失眠的原因，徹底解決。光想靠安眠藥幫助睡眠，最後可能養成依賴藥物的習慣，效果反而不佳。

健康的睡眠取決於健康的生活。妳可以採取以下的方法，擁有健康的睡眠。

1. 保持習慣性的睡眠時間。晚上定時入睡，早上定時起床。

2. 不喝酒、咖啡、茶或其他刺激性飲料。

3. 晚餐不要吃太飽。如果需要吃消夜，牛乳是很好的選擇，可以幫助睡眠。

4. 做兩分鐘輕量的伸展運動。

5. 洗個鬆弛神經的溫水澡，讓自己在睡前得到充分的放鬆。

6. 聽聽輕柔的音樂，也能幫助妳放鬆心情，進入夢鄉。

7. 找一本枯燥生硬的書來看（許多人認爲看英文書能很快地進入夢鄉）。

雖然我們的身體有固定的生物時鐘，能自動調節生理狀況，不過最佳的睡眠時段是晚上九點到凌晨一點，因爲表皮細胞的核分裂活動力最旺盛的時刻就是這段時間。在這段時間保持充足的睡眠，對於皮膚的美容保養非常有益。難怪許多美麗佳人，堅持九點上床睡個「美容」覺！原來是有根據的聰明祕方。

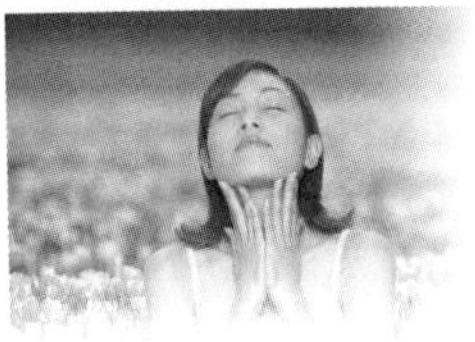

◆美麗佳人No-No BOX◆

◎不卸妝睡覺，要不得

週末狂歡一整晚，終於回到家，看到可愛溫馨的床，先讓自己休息一下吧！然後，就這麼睡著了。

聰明的妳，發現哪裏不對了嗎？答對了，就是忘了卸妝。

不卸妝會加重毛細孔阻塞，所以在就寢前，必須先將污垢或化妝品卸除後，再徹底洗臉，選擇適合的保養品照顧肌膚，使睡眠中的皮膚美容更能發揮功效。

懶得卸妝、懶得洗臉，如此自暴自棄，只好和美麗佳人絕緣了。

健康飲食之道

保養皮膚必須由內而外、由外而內的裏外兼顧。外部保養指的是一套完整的保養步驟，包括清潔、滋潤及特殊狀況的護理；內部保養包括均衡飲食、充足睡眠、適當運動及愉快心情。

許多人為了保持身材，經常勉強自己不吃早餐或午餐，卻在不知不覺中喪失了健康。其實均衡飲食是身體健康、皮膚光滑且具彈性的主因之一。

早上醒來，體內的碳水化合物及血糖存量大降，所以精神欠佳、注意力不易集中，為避免身體利用肌肉組織來製造葡萄糖以便度過難關，應當準備一份營養豐富的早餐。

早餐的內容最好是全穀類、大量新鮮蔬菜、水果及低脂肪乳酪。

有許多人餐餐必吃肉，不吃蔬菜，在不知不覺中吃進大量脂肪。然而吃太多脂肪會令妳懶散，所以在烹調食物宜多採用蒸、煲、煎、煮的方式，盡量避免油炸。高脂肪的香腸、凍肉、紅肉也應少吃。另外，別以為沙拉是不易發胖的安全食物，有些沙拉材料也是高脂肪的，例如：起司、煙肉、橄欖、鱷梨等，還是少吃為妙。

如果妳有血壓偏高的症狀，醫生一定會囑付少吃鹽，因為過量的鹽分會使血壓升高，又會把平衡身體電解質的鉀沖走。而罐頭、燒烤醬、熏肉、味精通常都含很多鹽，即使妳沒有高血壓，為了健康著想，還是要控制鹽分的攝取量。並多吃含鉀食物，如：馬鈴薯、桃、橙、香蕉等。

另一類應該少吃的食物是含咖啡因的飲料及酒精等飲料。咖啡、茶及許多可以提神的飲料都含大量咖啡因，會使神經緊張，而且像鹽一樣會沖走鉀，減少鈣質。而酒精則會消耗體內的維他命B、鎂及鉀，令妳疲勞。建議妳每天只喝一杯咖啡或茶，平日多喝水（每天至少八大杯），如果有應酬，應少喝酒，多選擇果汁或礦泉水。

有礙健康的食物應少吃，有益健康的食物當然要多多攝取。根據多種研究顯示，複合碳水化合物，如全穀類，不僅有益健康，而且能減少癌症的發生率，複合碳水化合物，如全穀類，不僅有益健康，而且能減少癌症的發生率。如果這類食物吃得不夠，會令人疲勞，進而容易嘴饞而多吃零食。其實當妳想吃零食時，是身體反映出需要更多的水果、蔬菜、豆類及全穀類。最好的飲食方式是吃麥片而不是麥片餅乾；吃馬鈴薯就煮熟吃，不要用油炸。並多藉由植物吸收蛋白質，減少依賴肉類。花椰菜、高麗菜、甘藍菜、菠菜、萵苣等都是很好的蔬菜，多吃無妨。

凡經由口中進入的食物都會改變型態到達我們的皮膚，所以偏食是肌膚病變與老化的原因。想造就健康美麗的肌膚，正確而均衡的飲食是最根本的辨法。只

要多攝取對皮膚有益的營養，即可幫助消化順暢、身體健康，皮膚自然光澤紅潤又健康。

◆美麗佳人小祕方◆

◎愛情讓人容光煥發

當身邊的女性朋友突然變得神采奕奕、亮麗動人時，總會令人忍不住的想問：「是不是戀愛啦？」

戀愛中的美麗佳人，皮膚總是顯得特別有生氣且光澤紅潤。因為，當沉醉在愛河時，情緒會經常處在興奮狀態，能促進荷爾蒙分泌。而女性荷爾蒙正是造成美麗肌膚不可或缺的要素。由於安定的感情能使飲食規律、生活正常，無形中營造出有利於皮膚美容的情況，這種效果是任何化妝品都無法達到的。可見愛情的魔力，真是無可抵擋！

水噹噹的肌膚

美麗的女人像朵花，需細心呵護才能綻放嬌豔的容顏。不管是純潔的百合、清新的茉莉、熱情的玫瑰，還是多情的水仙，不論是生長在自由的原野、安全的溫室，還是在瓶中供養，一旦離開水，都將枯萎。女人也是一樣。

水經常會被忽略，但卻很重要。人的體重有三分之二都是水，其中有百分之四十貯存在皮膚裏，百分之四十五在細胞內，百分之十五在細胞外。美容專家建議，一天至少要喝八大杯水，才能滿足肌膚對水的需求。

有些人運動後口渴時才大量補充水分，可是卻感到胃部非常不適，這是因爲身體等候水分太久的結果。水分應時時補充，補充的方法有二：

一、**保濕：**保養的重點在補充水分，水分不足時，皮膚會乾燥、粗糙失去潤澤。所以洗臉後，先使用保濕化妝水及乳液，給足皮膚必要的水分後，再隨時補充保濕潤膚品。秋冬氣候乾燥時，或長時期在冷氣房中，可利用噴霧式礦泉水噴在臉上，會讓妳感到滋潤與舒暢。

二、喝水：水是生命之寶，每天都應喝八大杯水。最好在早晨起床時先喝一杯水。尤其年過二十五歲，就絕對不能讓皮膚乾燥，要經常保持濕潤，因此要隨時提醒自己補充水分，若等到口渴時才喝水，對肌膚而言，已經太過乾燥了。

喝水的時間要掌握好，勿在睡前大量喝水，以免造成臉部和身體浮腫。有些人經常在早晨睡醒時，發現有兩泡眼袋，必須等到中午才慢慢消褪，這是因為腎功能較差，身體中的水分容易積滯；另外也可能是睡前喝太多水，沒有得到適當運動，使得水分無法藉汗水等排出體外的緣故。

美麗佳人，別把自己當做仙人掌，妳應該視自己為嬌豔欲滴的玫瑰，隨時補充水分，做個水噹噹的女人。

◆美麗佳人小祕方◆

◎美胸小語

女人胸部的皮膚組織十分細緻複雜，所以對待乳房也應像對待面容般地溫柔。

平日應輕柔清洗，並塗上滋潤乳液，甚至用棉球浸泡不含酒精成分的收斂水擦拭。

妳可能不知道蛋白有極佳的滋潤效果。蛋白中富含蛋白質及膠原質，是具緊縮效果的天然用品。

只要將蛋白攪勻起泡，敷在胸部上，停留十分鐘後，用溫水徹底清洗即可。

另外，淋浴時可以利用冷水讓乳房皮下組織緊縮，只要五分鐘的時間，持之以恆，將有意想不到的堅挺效果哦！

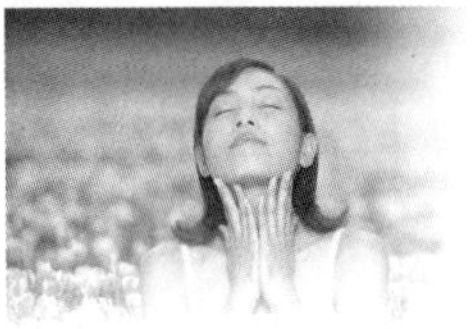

肢體語言

妳想過沒有，除了嘴巴之外，眼睛其實更能忠實的傳達內心的世界。也許妳不擅識人，但只要觀察眼神，便能得到比較接近眞實的答案。所以在與人交談時，雙眼應溫和地注視對方，表現出眞誠和坦蕩，但不要緊盯著對方，以免令人產生壓迫感。

說話時要語氣平和、堅定。閃爍不定或模稜兩可的言論，容易給人不信任感，造成優柔寡斷的印象。而且在說話時不要只顧自己表達，不給他人說話的機會，這樣是不能達到溝通的效果的，將會使人敬而遠之、退避三舍喔！另外還要提醒妳，別忘了說話時的禮貌，傾聽、不任意插嘴，才能在一般交談中，達到最佳的溝通效果，使對方留下好印象。

說話時身體要面對對方，任意拽動、左搖右晃會給人浮躁不耐的感覺。而雙手疊抱胸前，有防禦、保護之意，表示不信任或敵對；如果邊說話邊敲擊任何東西，那麼不耐煩和無趣之意就很明顯；手上不停把玩任何東西、手關節發出聲音等，都是不禮貌的行爲，如果妳在不知不覺中發現自己有以上的小動作，記得要時時提醒自己改正。

善用肢體語言，能輔助言語，讓人能更清楚了解妳所要表達的意思。古代女子藉團扇、蘿帕，表現輕俏、活潑、羞澀，甚至傳情的肢體語言；中古時期歐洲仕女以摺扇傳達情意，還發展出一套獨特的「扇子語言」，今日的女子，怎可將這屬於女性的特有天賦荒廢呢？就從今天起讓自己在眼波流轉、舉手投足間散發無限魅力吧！

◆美麗佳人 No-No BOX◆

◎不要迷信「可愛」

哇！這件衣服好可愛，穿起來真合適，這種漂亮的蕾絲邊最能表現自己的特色了。好巧，迎面而來的高大女子，怎麼也穿一件一模一樣的衣服？

真不相襯，上了年紀還不服老裝可愛，白白糟蹋一件漂亮衣裳，再瞧她那副誇張的表情，羞答答的模樣，真讓人雞皮疙瘩掉滿地。

其實有不少人「迷信」可愛，甚至一味模仿「可愛」。可是三十歲以後若仍如此，非但不會產生任何魅力，反而貽笑大方、落人笑柄，不但喪失應有的成熟美，也不能發揮自我個性，徒留幼稚之名。

什麼年紀就該有什麼模樣，如果已過年輕可愛的年紀，就別再對純情可愛的打扮念念不忘，做個成熟、睿智的女人，會更適合妳喔！

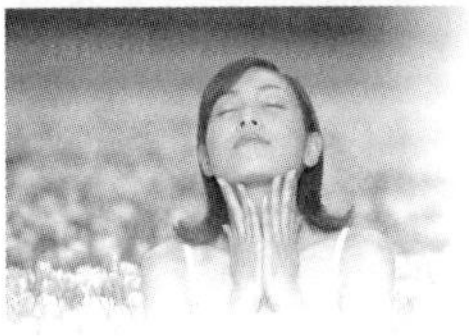

鏡子是優雅儀態的導師

輕輕推開窗，慵懶地伸伸腰，斜椅窗邊，遠眺窗外山色，在不經意時瞄一眼鏡中的自己；三五好友相聚閒聊時，忍不住對鏡中的自己撥弄前額瀏海，看看口紅是否還完整？臉上的妝有沒有糊掉？然後給自己一記自信的微笑；逛街時，不小心在櫥窗玻璃中看見自己，正好可以整理一下衣服，順便看看小腿的蘿蔔會不會太明顯？有沒有駝背……？女孩子就是這樣，不放過任何一個照鏡子的機會。

鏡子除了忠實反應我們的容顏之外，也是使我們姿態優雅的導師。一個令人讚賞的美麗佳人，不只是外表妝扮出色，而且還包括了高尚的談吐和優雅的儀態。外表妍麗，談吐庸俗甚至粗鄙，或舉止輕佻有失穩重，都會使美麗容顏頓然失色。反之，外貌並不突出，但氣質高貴、儀態優雅、談吐不俗、深具內涵的女子，卻有無限吸引力。或許相貌是天生的，無可選擇，但儀態卻是長期訓練出來的；想擁有優雅儀態，只要時時留意自己的各種姿態，並充分利用鏡子來糾正不良姿勢，很快妳就能像時裝模特兒般，成爲一名儀態萬千、風情萬種的女人。

每天早晨起床時，對著鏡子微笑三分鐘，然後自信的對自己說「妳是世界上最美的女人」，最後妳會發現自己眞的與衆不同，越來越美了。這可不是自我安慰，而是妳在不斷照鏡子時，練習了優雅的笑容及姿態，漸漸地在舉手投足間，形成自信、優雅的習慣，所以不可鬆懈喔！要好好督促自己，努力成爲一名儀態優雅的仕女。

◆美麗佳人小祕方◆

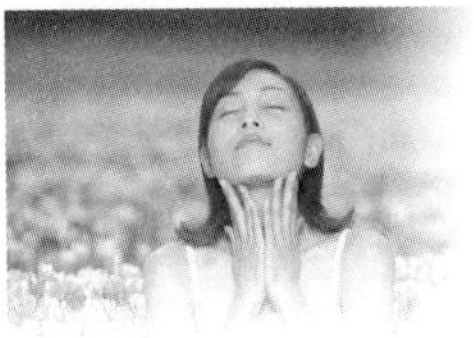

◎滿街都是鏡子

鏡子可以忠實的呈現出自己的儀容姿態，家中有穿衣鏡，化妝包中有化妝鏡，可是，卻不能無時無刻的照鏡子修正儀態，這時聰明的美麗佳人，又有變通之道了。

櫥窗玻璃是最佳代用品，逛街時，可以藉櫥窗玻璃審視自己走路姿勢是否優雅自然？衣服是否有些凌亂？汽車玻璃，甚至擦得光可鑑人的車身都能反應出妳的姿態；商店、銀行的自動門，餐廳四面的落地窗……只要稍加留意，滿街都是鏡子的代用品，這下妳可不能再因「太忙了，連照鏡子的時間都沒有，更甭談儀態優雅」等藉口，而輕易失去姿態優雅的機會了。

正視妳的身材

大部分的女孩子都不滿意自己的身材，而且總能挑出一些缺點，然後頭頭是道的告訴妳，這缺點有多嚴重。

有人嫌胸部太小不能穿性感服飾；有人怨胸部大所以駝背掩飾；有人怪肩膀太寬，穿起襯衫像個橄欖球員；有人則對自己的削肩感到無奈，拒絕穿撐不起筆挺感覺的襯衫外套；有人嫌臀部下垂，穿長褲難看；有人則抱怨臀部扁小不夠渾圓，沒有曲線；有人嫌腿短；有人怪脖子粗；有人蘿蔔腿；有人鳥仔腳……即使楊貴妃在世，也要嫌自己太豐腴；趙飛燕重生，也要抱怨自己太清瘦。

究竟什麼樣的身材才稱得上比例標準？像服裝模特兒般？還是像運動員？恐怕都不是吧！走下伸展台的模特兒，不乏身高太高、太過清瘦、胸前平坦者。可

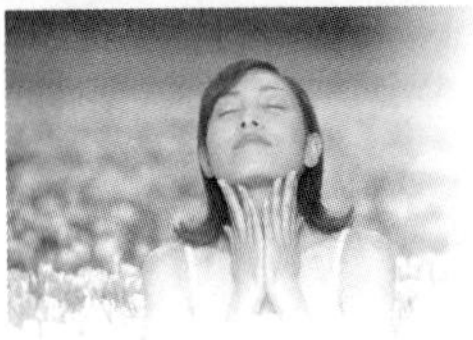

是當她穿上時裝，走上伸展台，卻是無懈可擊的，因爲她們能充分了解自己的身材。所以任何一個女人都可以和她們一樣，只要妳在妝扮之前先充分的認識自己的身材，不論是腿粗、腰粗、小腹凸出等，都可藉由不同的穿衣方式，造成視覺效果，輕鬆地掩人耳目。

例如有點小腹的美女最適合穿A字裙及散狀上衣，可是如果妳的大腿太胖可能就必須放棄A字裙了。因爲A字裙在腰身的剪裁平順不打褶，如果大腿太胖，就會明顯的看出腿被裙子繃得緊緊的，這樣走路姿勢當然優雅不起來，一點美感也沒有了。

要藉由穿衣來掩飾身材缺點，最重要的是由了解自己身材開始；充分掌握身材特徵，好好發揮自我特色，讓衣著能自然地襯托妳的氣質，才是個眞正會穿衣服的人。

◆美麗佳人 No-No BOX◆

◎流行不一定適合每一個人

理性的穿衣哲學是指：能正視身材，不盲目追求流行，只選擇適合自己的衣著打扮。這樣才能穿出品味與質感，也是美麗佳人永不失敗的穿衣原則。

例如時尚流行緊身T恤，太胖的人就應理智地捨去；俏麗的A字迷你裙是大腿太粗者的拒絕往來户；小腹略凸時盡量別穿百褶裙；鳥仔腳的美女們，緊身長褲會暴露缺點；背上會長痘痘的美女，還是放棄露背

裝吧！

追求流行必須要有選擇性，與其盲從流行，不如選擇適合自己，又能襯托身材的流行服飾。

表現自己的特色

柳葉眉好看，八字眉就不好看嗎？櫻桃小嘴可愛，大嘴厚唇就很醜嗎？這可未必，鵝蛋臉夠標準了吧！可是卻平凡而無特色，讓人過目即忘，即使毫無瑕疵，也難以讓人留下深刻印象。

事實上，有許多明星毫不掩飾自己的缺點，反而以此缺點獨樹一格，成爲特有的標記。一顆痣、蘿蔔腿、八字眉、寬嘴厚唇的明星，反而比偶像型的明星更具特色，因爲她們能利用缺點，形成自己獨特的氣質。

大多數人的自卑感，都是起因於不能勇敢正視自己並接受自己。「胸部太小」、「眼睛太瞇」，在自己眼中，已然成了不可容忍的缺陷，可是看在別人眼中，這或許正是妳的魅力所在。眞正懂得欣賞妳的魅力，愛妳一切的人，是不會

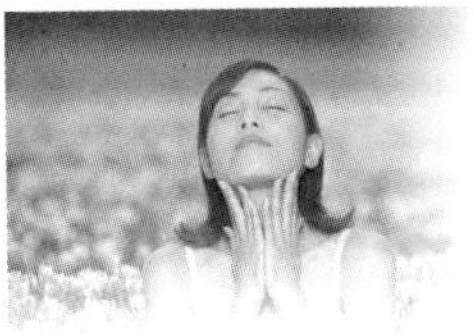

因爲這些微不足道的「缺點」而停止愛妳。倘若妳因爲有這些自以爲不好的缺點，而養成偏激、極端的個性，那麼即使是毫不在意這些小瑕疵的男性，也將因妳的個性使然而遠去。

在今日崇尙自然的時代風潮中，最適合美麗佳人的生存方式，是將自己最眞實、最自然的一面展露出來。毋需爲臉上的雀斑感到羞赧，不必爲寬厚的嘴唇感到抱歉，更不必因小巧的胸部感到丟臉。美麗佳人應該自信的站出來，抱著「這就是我之爲我」的心態；當妳充滿自信的風采時，妳將驚喜的發現：雀斑使妳更可愛，豐厚的嘴唇使妳更性感，小巧玲瓏的胸部使妳更眞實。由自卑的精神折磨中解放出來後，妳將更懂得欣賞自己、珍愛自己。妳會發現自己不再需要爲雀斑塗上厚厚粉底，不必再爲寬嘴厚唇描繪細細唇線，不需再爲小巧胸部加上一個、兩個海棉襯墊，這將是一件多麼輕鬆愜意的事。拋棄自卑自憐的心理，停止虛僞的掩飾吧！做一個眞正的自己是快樂的事，因爲妳再也不必擔心，親密愛人會在

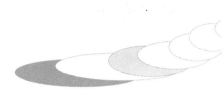

看清楚眞實的妳後離妳而去。

有人自信的以「麻雀雖小，五臟俱全」告訴別人，雖然她的眼睛不大、胸部平坦，可是卻仍是個快樂的美麗佳人；而妳呢？有沒有勇氣承認自己身材的缺點，並好好表現自我的獨特魅力呢？

◆美麗佳人小祕方◆

◎吸取他人經驗，保持自我風格

有些人不化妝。問她為什麼？她回答說：「因為媽媽不化妝，所以從小就沒有學習模仿的對象，不知怎麼化妝。」其實在穿衣打扮上，不

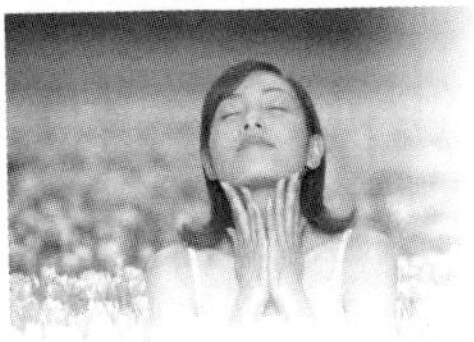

是只有媽媽、姊姊可以模仿而已，只要多花點心思，周圍的同學、同事，甚至來來往往的行人，都是妳吸取經驗的好對象。

大部分的人都能客觀的分析她人的缺點，可是面對自己時，就會有不易突破的盲點。所以當別人衣著不當、眼影色彩不協調時，妳很容易就能發現；這時要記取她人的失敗經驗，避免自己也犯同樣的錯誤。如果有朋友對穿衣打扮很有心得，當然要多向她請教、學習，但是要記住，不可失去自我風格。

其實，擅長穿衣的人，多半是勇於搭配不同服飾，並在經驗中揣摩出來的；如果妳不擅此道，那麼可以在百貨公司的展示櫥窗或服裝模特兒身上吸取經驗，並加強自己對服飾的鑑力，漸漸地，妳也能琢磨出有個性的穿衣哲學。

成功穿著的第一步

一群女生湊在一起閒嗑牙時，總離不開衣服、髮型、星座等話題，當然也很容易談到個人喜好的顏色。因爲不同色調的衣服能讓穿衣的人有不同心情，甚至能帶給他人不同印象。

那麼該怎樣決定適合自己的色調呢？決定因素在於個性、膚色、髮色等。大部分的人較易接受黑色、白色、藍色、灰色、褐色等。

黑色與白色是十分樸素大方的色彩，兩色搭配能穿出永不失敗的效果，若與其他顏色搭配也能造成優雅大方的效果。然而黑色與海藍色搭配，則略差矣，應盡量避免。

灰色是個方便的顏色，與各種色系搭配都能巧妙的穿出流行高雅的品味；尤

其是與鮮紅色相配，可說是最高明的配色法，可充分強調年輕的自然美。與鮮綠色、檸檬黃、寶石藍等搭配也很適合；灰白相配，則柔和飄逸的韻味不難展現。

以東方人而言，黃色肌膚適合比較調和的褐色，能與白色、米色、象牙色及綠色搭配出很好的效果。而黑色滿適合黑頭髮、黑眼睛的東方人，除了可以隱藏缺點之外，同時也能使體型看起來纖細一些，皮膚看起來白一點。粉紅、粉藍、橘紅、黃色等明亮的色彩，具有開朗、輕柔的味道，能顯現出女性特有的柔美氣質。

找出適合妳的顏色，然後再分別使用其他深淺的色彩來搭配，必能盡情享受色彩魔術。只要培養出對色彩的敏感度，加強對美的欣賞和判斷力，都能搭配出令人滿意的妝扮。

除了衣著的色調之外，化妝、配飾、皮件、鞋襪的色彩與款式，也能營造出美好的視覺感受。俗話說「熟能生巧」，聰明的美麗佳人只要不斷的吸收新的資訊，並練習搭配技巧，完美的穿衣哲學其實是很簡單的。

◆美麗佳人小祕方◆

◎修飾身材的穿衣法

每個人的身材高矮胖瘦不一，想要穿出流行、穿出個性，服裝款式就要有所選擇。

身材修長者：合身或A字型的衣服都合適，但盡量別穿太蓬鬆寬大的袖子，會使肩形寬大，失去原有的風格。

身材嬌小者：適合輕巧的款式，應選擇輕柔的布料，才不會因厚重

質料而更顯矮小。

身材纖細者：圓領、高領、蓬鬆寬大的袖子或貼身長袖，蕾絲、荷葉邊等都很適合，能使身材看起來豐滿些。

身材豐滿者：適合一字領、中長袖或質料輕柔的衣服，但不要有太多花俏的變化，應盡量以簡單大方為原則。

一件衣服好不好看，除了顏色之外，身材與款式亦是重要因素，如果顏色適合，款式不適合，即使衣服出自名家設計，仍是失敗的穿著。

重質不重量的衣櫃

想必女孩子都有相同的經驗——出門前打開衣櫃，在花花綠綠的衣服堆中，翻來找去，卻找不到一件滿意的衣服穿。據估計，大部分人常穿的衣服，只佔衣櫃中衣服總數的十分之一而已。可是，一到換季折扣期，衆家姊妹們仍會呼朋引伴，逛街「血拼」一番，就怕遲了一步便落伍了。

其實，只要數數衣櫃中的衣服，妳會吃驚的發現，常穿的總是那幾件，其餘的衣服都被冷落在一旁，徒然佔據大部分的空間，即使妳心裏想著：總有一天會穿它，但始終也只是想想而已。

需知妳不喜歡的衣服，也就是不適合妳的衣服，與其擺著佔空間，不如轉送給適合的朋友。所以爲了節省時間，省去穿衣時的困擾，建議妳不妨替衣櫃做個

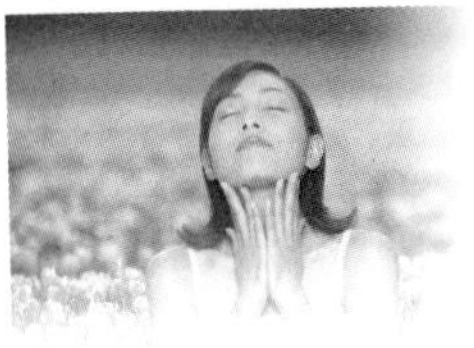

定期檢查。在檢查衣櫃前，先找出適合自己的色系與款式，再將不適合的衣服送給其他朋友。如果明知不適合，卻因捨不得而勉強去穿它，只是徒然破壞原已建立的優雅形象罷了。

以職業婦女而言，能佔據衣櫃一角的衣服，應具備三原則：

一、**耐穿**：典雅的服飾不受流行左右，可以穿很多年，也不會有落伍的感覺，而且也十分符合經濟效益。

二、**能建立個人形象**：在今日注重人際關係的社會中，個人形象的好壞，能左右前途前展，而服裝正是樹立形象最具體有效的方式。一般而言，端莊典雅的服飾比較能贏得人們的好感，進而獲得信任。

三、**適合各種場合**：得體的穿衣原則是適合場合而非突顯個人；這不僅是對於場合的尊重和禮貌，也顯示個人教養與分寸。端莊典雅的穿著，最適合參加各種正式的場合，而且只要搭配適當的飾物或配件，就可充分享受妝扮的樂趣，表現女性氣質。

掌握以上三個原則，就能很快地從衣櫃中分辨出哪些是可以留下，哪些該送人，或者可以捐送給慈善機構。如此即能讓生活變得更簡單，再也不會有面對一整個衣櫃的衣服，卻仍有不知穿什麼的煩惱了。

◆美麗佳人小祕方◆

◎太陽眼鏡，帥耶！

電影《情定巴黎》女主角梅格萊恩戴的那副圓形復古的太陽眼鏡，隨著影片賣座而流行起來，在影迷心中留下深刻印象。太陽眼鏡在年輕

人的心中，不再只是保護眼睛不受紫外線傷害的工具而已，它已成為搭配服裝整體造型的一部分。所以鏡框的設計、鏡片的色澤也越來越講究。

藍色鏡片能使眼睛周圍顯得柔和；褐色鏡片適合各種臉型服裝；黑色鏡片則有神色彩。如果妳夠大膽，偶爾嘗試粉紅色與黃色鏡片的太陽眼鏡也滿不錯，能充分表現時髦流行的現代感。

太陽眼鏡不光只是戴在鼻梁上，妳也可以掛在任何一個地方，不過，最瀟灑的方法是戴在頭上，這種帥氣瀟灑的裝扮，妳試過嗎？

優雅的主因：走路姿勢

當妳意氣昂揚時，走起路來一定精神抖擻、步伐堅定；但是心情沮喪時，大概就腳步沉重、疲乏軟弱。個性文靜的人，走路時沉靜穩重；個性開朗活潑的人，走路時一定是活蹦亂跳的。走路，對一個雙腳正常的人而言，是一件再簡單不過的事，但若論及走路姿勢優美，可就不是人人都辦得到了。

正確的走路姿勢應該是在雙腳移動時，臀部也能自然的移動；注意下巴不可突出，背脊要挺直，自然而有韻律的走路，切記不可使整個腰部搖擺不已，形成不自然的造作，那可就不優雅了。高個子的美麗佳人宜走慢些，才不致予人步伐太大之感；嬌小的美麗佳人則要盡量輕柔些，才不會給人過於急促的感覺。如果妳仍無法掌握優雅姿態的訣竅，那麼不妨學學服裝模特兒，頭上頂著一本書，訓

練走路姿態，藉由最基本的美姿訓練法，幫助妳達到行路優雅的效果。

另外，裙裝與褲裝的走路姿態各不相同。穿裙子表現的是優雅的美感，穿長褲時則最能表現帥氣、瀟灑的俐落感；如果表現失當，不僅無法穿出衣服的味道，而且也算不上優雅。

無論妳穿著什麼，妳都必須抬頭挺胸、挺直腰桿、伸直膝蓋，一步步從容地走，這樣才能走出優雅儀態及輕盈曼妙的韻味。美麗佳人們，好好練習吧！

◆美麗佳人 No-No BOX◆

◎誰說必須如此

「套裝一定要整套穿」，誰說必須如此？這種嚴肅、呆板的觀念已經落伍了。現在的穿法可活潑許多，只要能穿出品味，布料、色彩或花樣完全不搭配，也能穿出「混穿」的趣味。

「上班女郎較適合中性剪裁」，誰說必須如此？能襯托女人味的合身剪裁，更能散發個人魅力。

「應盡量避免任何時髦的配件及誇張的首飾」，誰說必須如此？配戴適合的首飾、配件，更能展現個人風格，強調個人特色，有何不可？最怕是成為死板規則的盲從者，喪失自我個性。

「拎個平平板板的公事包」，誰說必須如此？隨著服裝搭配適合的皮包、鞋子，更能帶給人整體感。

現代的美麗佳人，勇敢的表現自己的風格，不要再局限在一成不變的陳規中，即使是職業婦女，也應該是個光鮮亮麗、朝氣蓬勃的上班族喔！

解讀香水

當一個人自由自在逛街時，最喜歡做的一件事，就是猜猜迎面而來、錯身而過的時髦佳人擦的是哪一種品牌的香水？解讀一下這香味聞起來是什麼感覺？淡淡的花果香，還是濃郁檀香。

有不少年輕女孩喜歡蒐集香水瓶，先由造型特別的香水瓶開始，漸漸的認識各種品牌的香味，這也是很好的嗜好喔！

香水一般分爲香精、香水、古龍水。

香精的香味濃而持久。因爲是濃縮香水，價格較貴，大多採用精緻小巧的包裝，約有半盎司或一盎司的容量。這種包裝由於精緻小巧、造型獨特，是蒐集者最喜愛的蒐集對象。

香水的香味介於香精與古龍水之間，適合平時上班時使用，味道不會太濃，不致引起他人的困擾，又能散發淡淡清香，令人心曠神怡。

古龍水的味道更淡，且不易持久，瓶子較大，價格也比較便宜。在沐浴後輕抹，可以帶著浪漫心情入睡。

在選購香水時，經常因爲試用太多品牌，而導致嗅覺痲痺，反而不知該選哪一種。所以應該一次試用一、兩種即可，試用時，可將香水滴在手腕上，分初香、繼香、餘香來評斷是否適合，因爲香水經過體溫與個人氣味的融合，往往會散發出特有的香味。所以選購香水時，不可草率，最好在傍晚嗅覺最靈敏時，慢慢挑選適合自己的香味。

香水買回來時，要放置在通風良好的陰涼處，切莫使它受到陽光照射而變質。另外空氣中的氧氣也會使香水變質，因此使用後要扭緊瓶蓋，並盡量避免搖動香水，加速香水中酒精揮發的速度。最後提供妳防止香味散失的祕訣——減少

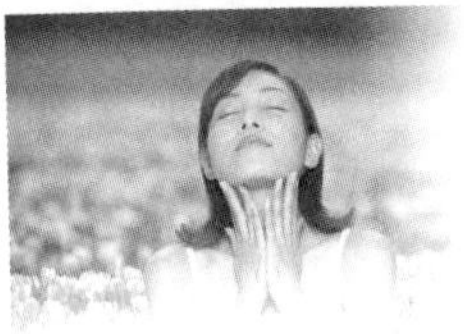

香水瓶中的空氣。剩下半瓶時，可以把它倒進小瓶子中來使用，瓶內空氣減少，氧化作用即越低，就能減少香水的揮發了。

瑪麗蓮夢露曾說自己只穿「香奈兒5號」睡覺，多麼引人遐思，多麼浪漫呀！香水與女人似乎有一種解不開的情結，選擇適合的香味，散發獨特的魅力，讓特有的香味成為妳的代言人。在錯身而過時，香水語言即已告訴他人，妳是一位清新優雅的美麗佳人了。

◆美麗佳人 No-No BOX◆

◎香水要擦對部位

香水能散發出一縷縷清香，使人心情愉快，但在使用上仍有些禁忌。

1.最忌不同香味混合在一起。沐浴精、香皂、爽身粉等含有香料的化妝品的香味，最好能統一；否則不同香味混合在一起，也將彼此衝突，形成意想不到的怪味。

2.不可抹在接觸陽光的部位。臉部、頸部、耳垂等經常接觸陽光，若抹上香水，容易導致皮膚炎。最好是抹在動脈跳動處，如脖子、耳後、大腿彎、手腕等處，可以藉由動脈的跳動，將香氣自然散發出來。

3.香水不要灑在珠寶、皮革上。珍珠及養珠等珠寶，接觸到香水即容易變質，最好是先噴好香水再戴珠寶，才不會使珠寶褪色。而皮革製品接觸到香水會有污點、變色或失去光澤的現象，應盡量留意。

國家圖書館出版品預行編目資料

看一次就學會的愛美書／鄭雅心著.
－－初版－－ 台北市：知青頻道 出版；
紅螞蟻圖書發行，2007〔民 96〕
面　　公分，－－(健康 IQ：09)
ISBN 978-986-6905-12-4 (平裝)

1.美容
424　　　95024638

健康 IQ 09
看一次就學會的愛美書
作　　者／鄭雅心
發 行 人／賴秀珍
榮譽總監／張錦基
總 編 輯／何南輝
特約編輯／林芊玲
美術編輯／魏淑萍
出　　版／知青頻道出版有限公司
發　　行／紅螞蟻圖書有限公司
地　　址／台北市內湖區舊宗路二段121巷28號4F
網　　站／ www.e-redant.com
郵撥帳號／1604621-1　紅螞蟻圖書有限公司
電　　話／(02)2795-3656（代表號）
傳　　眞／(02)2795-4100
登 記 證／局版北市業字第796號
港澳總經銷／和平圖書有限公司
地　　址／香港柴灣嘉業街12號百樂門大廈17F
電　　話／(852)2804-6687
法律顧問／許晏賓律師
印 刷 廠／鴻運彩色印刷有限公司
出版日期／2007年1月　第一版第一刷

定價 200 元　港幣 67 元

ISBN-13：978-986-6905-12-4　　Printed in Taiwan
ISBN-10：986-6905-12-8